光尘
LUXOPUS

跨越不可能

如何完成高且有难度的目标

The Art of Im**possible**: A Peak Performance Primer

[美] 史蒂芬·科特勒
(Steven Kotler) / 著
李心怡 / 译

中信出版集团 | 北京

图书在版编目（CIP）数据

跨越不可能 /（美）史蒂芬·科特勒著；李心怡译
.—北京：中信出版社，2021.11（2025.2 重印）
书名原文：The Art of Impossible: A Peak
Performance Primer
ISBN 978-7-5217-3597-0

Ⅰ.①跨… Ⅱ.①史… ②李… Ⅲ.①心理学－通俗
读物 Ⅳ.① B84-49

中国版本图书馆 CIP 数据核字（2021）第 200731 号

跨越不可能
著者：　［美］史蒂芬·科特勒
译者：　李心怡
出版发行：中信出版集团股份有限公司
（北京市朝阳区东三环北路 27 号嘉铭中心　邮编　100020）
承印者：　三河市中晟雅豪印务有限公司

开本：880mm×1230mm 1/32　　印张：12　　字数：230 千字
版次：2021 年 11 月第 1 版　　印次：2025 年 2 月第 20 次印刷
京权图字：01-2021-5705　　书号：ISBN 978-7-5217-3597-0
定价：69.00 元

服务热线：400-600-8099
投稿邮箱：author@citicpub.com

献给我的父亲和母亲

推荐语

小时候，我们总会梦想未来的自己能取得怎样的成就。当你即将实现一个梦想时，又会生出一个新的梦想。人们总是渴望不断学习，不断进步。眼前似乎总有一条终点线，但当你试着去触碰它时，就会发现这条线其实并不存在，没有什么能真正限制你。所谓“不可能”，就是比这条线更远的地方。所以，让我们不断地刷新终点线吧！只要持之以恒，总会习惯成自然。

——迈尔斯·戴什尔

目录

第二部分

学习力

第三部分

创造力

第四部分

心流

推荐序一

从这本书开始，找到适合自己的方法

陈春花

北京大学王宽诚讲席教授

北京大学国家发展研究院 BiMBA 院长

我们知道，有许多人取得了在他人看来不可能的成功，有许多人实现了自己一生渴求的梦想，还有许多人改变了社会（包括他自身）……我们很多时候会为这种无坚不摧的力量惊叹不已。而史蒂芬·科特勒不仅限于惊叹，更是从大脑神经科学的角度对这种种“不可能”做了详尽的研究，并给出了一条任何人都能跨越“不可能”的行动之路。

史蒂芬·科特勒在书中告诉我们，书名中的“不可能”一词，“指的是一种极致的创新”，是“以前从未有人做过，而且大多数人认为永远也做不到的事情，这些事情超越了我们的能力和想象力”。他又将这种不可能分为 I 类不可能和 i 类不可能，I 类是极度不可能的事情，而 i 类是程度比较轻的，主要是我们主观上觉得不可能做到的事情。这本书就是史蒂芬·科特勒基于诸多I类不可能的经验和相关研究写成的，但同样适用于任何一个挑战i类不可能的普通人，适用于每一个想实现卓越、成就人生的人。

在工作和生活中，我观察到，有些人会因为各种各样的原因，随着时间的推移而放弃或遗失梦想，有些人甚至从未有过梦想。在我看来，如果没有梦想，人是很难成长的。无论从任何角度去想，我们都需要一个梦想来引领自己，找到自己人生的意义并去实现它。因为只有有了梦想，人生才真正有了起点。也许你会说，“梦想对我太遥远了，我实现不了”，这正是史蒂芬·科特勒说的i类不可能，也就是你主观上觉得不可能做到的事。通常我会回答：只要你愿意，就能实现。这和史蒂芬·科特勒在书中表达的观点是一致的。至于如何实现，他从动机、学习力、创造力和心流四个部分做了完整的阐述。

在史蒂芬·科特勒看来，让不可能变成可能，是有一个公式的，这个公式其实就是四大技能：动机、学习力、创造力和心流。如何从动机探索和确定自己要挑战的不可能；如何通过培养好的学习技能帮助自己在挑战不可能的路上持续前进；如何拥有激发并长久保持创造力的能力；如何理解心流和22种心流触发器，让自己拥有良好的心流体验……每个部分，史蒂芬·科特勒都做了详尽、科学的分析，并给出了清晰的行动方法。可以说，这本书是一本非常实用的行动指导手册。

“如果你认为你可以，你就可以；如果你认为你不行，你就不行。”这是史蒂芬·科特勒在书中引用他的朋友彼得·戴曼迪斯的一句话。这句话带出一个重要的概念——成长型思维，这个概念同时出现在这本书的“动机”和“学习力”两个部分。史蒂芬·科特勒认为：“如果你的思维是固定型的，意味着你相信天赋是与生俱来的，再多的练习也不会帮助你提升；如果你的思维是成长型的，意味着你相信天赋只是一个起点，练习会让一切变得不同。”是的，我们如果要挑战不可能，那“成长型思维”是必不可少的，没有这种底层思维，我们就没有持续学习与成长的动力。

与新生代的朋友们交流，知道他们“比较注重科学理论与方法”，这本书从生物科学的角度切入，对新生代而言很有说服力。为了达到不可能的目标，作者层层剖析达到目标所需的条件，再解释哪些方法和训练可以让人具备这些条件。作者给出了很多清晰的定义，让不可能变得“可视化”，甚至可实现。

新生代的朋友告诉我说：“我们这代人比较缺乏动机和耐心（长期的目标）。”在耐心方面，这本书给出了很多训练方法及相关解释，打破了我们的某些传统观念，同时也让我们了解到，很多实现目标的条件并不特殊，而是很常见的。在寻找动机方面，作者也给出了有趣的方法——探索自己最关注的问题和最感兴趣的领域，然后发现两者的交集，最终转化为人生使命。

对很多人来说，阅读这本书的过程可能会是一次认知与思维的重塑。其实，我们每个人的能力是没有边界的，很多时候是我们自己限制了自己的能力；而能力实际上是因需求而产生的，只要你想，你就可以拥有。就史蒂芬·科特勒的这本书而言，只要你想，你就可以按照书里提供的工具和技术，主动从行动上做出改变。要跨越不可能，要实现自己的梦想，能做的就是：开始行动！

陈春花

2021 年 10 月于承泽园

推荐序二

普通人如何达成巅峰表现

古　典

新精英生涯创始人、300 万册畅销书《拆掉思维里的墙》作者

我喜欢骑摩托车，最近一个女摩友何姐让我挺吃惊的。

我们是今年 5 月去青海穿越认识的，那个时候她是“吊车尾”，骑着新买的 750，在队伍最后一名，走哪哪摔，上坡就倒。最好笑的是，我们都离开了非铺装路，上马路了，我在后视镜里看到，她在一个很简单的左拐弯处摔了出去。我当时心里想，女生还是不适应这种野路子啊。

但接下来发生的事让我很震惊。她在接下来的 3 个月里，每天参加训练。我偶尔去训练场，都能看到她。只过了 1 个月，大家就已经开始调侃说：“古典你去追一圈儿何姐，看能不能追得上。”我试了一下，非常费劲。

等到“十一”假期，她在群里发了一段视频，她左晃右晃

地把我们当年搞不定的一个沙丘骑过去了，兴奋得大叫。我在群里问：“咦，这不是我们当年的路吗？”教练大表哥说：“是啊，她已经在青海同一条路线上‘三刷’了。”

我服。

5个月时间，就能让一个“小白”迅速超过我们这种5年驾龄的人。其实每个人身上，都蕴藏着这种超越不可能的可能性，而且这种巅峰表现是有“套路”的。后来我才知道，何姐以前是攀岩高手，也是柔道爱好者，还和我是同一个登山俱乐部的成员，而且她登的山比我更多、更高。她应该已经摸到了如何在喜欢的领域达到巅峰表现的某些规律。

可能你会问，她不用上班吗？

是的。她之前在职场上的巅峰表现，已经让她财务自由了。

我们身边常有这种“巅峰表现者”，他们似乎在每个领域都能保持巅峰表现，保持源源不断的创造力。这种事情仅凭天赋显然没法解释，但如果你要说优秀是种习惯，那到底是种什么习惯？这事好像谁都能说几句，只是缺乏系统的方法论。

现在有本书给我们清晰地解释了整个过程——《跨越不可能》。作者史蒂芬·科特勒在这本书中所讲的，就是这种现象背后的神经科学、真实案例和方法论。

人们是如何做到那些看似不可能的事情的？

每个对这件事好奇的人，都应该看看这本书。

我读的上一本史蒂芬·科特勒的书，是《盗火》。他在里面谈了硅谷精英和海豹突击队队员是如何通过各种科学手段，让自己的大脑进入有10年冥想经验的高僧才能达到的入定状态的。当时好多互联网精英、程序员读完书后都来问我：能联系上吗？去美国体验一下！

这也是史蒂芬的独特之处，他不仅是个作家，还是心流研究小组的负责人，致力于和世界各领域的巅峰表现者、脑科学家、心理学家一起，研究如何把心流体验科学化。扎实的科研经历，洗去了我们想象中的“鸡汤”味儿，取而代之的是各种论文（后记有100多篇论文引述）、科学概念和真实案例。

比如关于“人如何获得驱动力”这个话题，精英们常常告诉你的是“要追随兴趣，找到激情，创造一个人生使命”这种宏大叙事，但史蒂芬不会止步于此。他会告诉你，首先要激发好奇心，列出你的兴趣清单，从中寻找交集，其间你的肾上腺素和多巴胺会如何分泌，帮你酝酿激情；激情产生后，你又该如何把它和“宏大变革目标”联系在一起，体验催产素带来的宁静祥和；最后，该如何让小小的好奇心变成引领自己一生的使命。他还叮嘱读者，这个顺序不能错，人生使命就是这样一点点叠加起来的。

你不会错过任何东西——科学界关于心流的最前沿的观点，基本上都在这本书里了。史蒂芬是个好作者，书中的所有概念、案例和方法论都得到了很好的编排，读起来很舒服。这本书，是“人们如何做到看似不可能做到的事”的科学指导手册。

那么，我们究竟该如何实现不可能呢？

作者提出四大核心技能：动机、学习力、创造力、心流。

动机是一切的开始。

过去我们总认为，要艰苦奋斗，要咬牙坚持，要改变自己，但科学家发现，这一切都比不过“发自内心的渴望”。我们应该先有动机，然后再给自己设定目标。

不过，这并不是“我不知道自己想做什么，所以先躺平，想到再说”的意思。正如我前面说的，从好奇心到激情，再到使命感，有非常清晰的流程和方法，探索本身就是一个行动项目。作者建议，用日常生活 20% 的时间，去探索自己真正热爱的事。

下一个技能是，如何快速学习。

这一章开篇，他就提出了专家和新手的知识差异。新手读很多书也不一定能成为专家，因为二者的差异从来不是知识量，而是知识类型。具体来说，有八种专家看得见但其他人看不见的知识类型：

- 新手不会注意到的模式
- 未发生的异常或事件，或违反预期的事件
- 全局视野
- 事情的运作方式
- 机会和即兴发挥
- 已经发生的（过去）或将要发生的（未来）事件
- 新手无法察觉的细微差异
- 新手自身的局限性

这是新手的盲区和努力方向，也是专家的自检方式。

那么，怎么才能逐渐掌握这些知识，成为某个领域的专家

呢？作者提出一个五本书“击穿”一个领域的读书法。

你读的第一本书应该是关于这个话题的最畅销的书，为的是体验和熟悉这个领域。第二本是很受欢迎但专业性更强的书，这是正式学习的基础，它最好能让你兴奋起来。第三本应该是半专业书，依然好读，但是开始出现外行听不懂的专业术语，以及对这个话题相关背景的讨论。比如你一直在关注夫妻心理治疗的话题，这个时候就可以了解一些社会心理学的背景了。

到了这里，你就算是半个专业人士了。

接下来是第四本书，让自己接触这个领域内真正的专家讨论，以及主流专家的共识。这本书将会很难读，但啃下这本书，你就基本与主流专家同步了。

最后一本书，是关于这个领域的前沿讨论。这本书的文字不是最难懂的（最难的是第四本书），但是阅读会比较困难，因为需要停下来进行大量思考和检索。读完这本书，你就掌握了这个领域发展的节奏。

第三个技能是创造力。

在今天这个生产力过剩的社会里，创造力前所未有地稀缺——人们不知道自己想要什么，但当你创造出来，大家又都会觉得自己想要。

我们都知道，有点儿创意并不难，每个人似乎都有灵光一现的时刻。但巅峰表现需要持续地产生好的创意，这就需要培养创造力的技能。

吉尔福特首先对创造力展开科学研究，他把创意定义为

“发散型思维”，并认为这种能力有四个特征：流畅性、变通性、独创性、精细性。

流畅性的意思是，你能在短时间内产生大量的新想法，比如策划会上，你一个人出的点子比其他所有人都多。变通性是说，你这些点子，每个都有不同视角，而不是在同一个维度上有点儿细微变化。独创性是说，这些想法没人提出过。而精细性——这一点是自认为有创意的人最容易忽略却非常重要的能力——是你要有把这些想法组织起来并付诸实践的能力。

自此，创造力的密码得以初步破解。接下来，史蒂芬给我们提供了七种前沿策略。其中一些可能会证实你隐约有过的感受，还有一些你可能真的想不到。

比如第一种策略，大脑产生创意的主要部位是前扣带皮层，激活这个部位的最好方式是什么？答案是好心情。除了好心情，创意还需要大空间、非时间（即不设定明确目标或任务的一段时间）和独处空间。

现在你就能理解那些创意时刻的物理环境——一个好天气的下午，一个人喝咖啡的闲暇时光，这种时候，也许会有一个好点子从天而降。

除了环境和心情，创意产生的过程也很重要。

好的策略是先给自己大脑提个清晰的问题，然后有意识地集中思考一段时间，但是不要抱太大期望——好的答案很可能不会在这个时候出现。然后进入孕育阶段，把工作交给潜意识，自己做一些能带来轻微的身心刺激的事，比如跑步、瑜伽、泡澡、吃零食之类的，然后睡一觉。第二天，再安排一段时间，重新审视你的问题。如果还是没感觉，可以做点儿能激活潜意识的事——敲出一段自己喜欢的文字（比如歌词），或者信马由缰地写：“我不知道第一章怎么写，现在我想要一个好的开头。”潜意识会给你答案。

终极技巧是心流。

关于心流的重要性和基本概念，可以去看米哈里·契克森米哈赖的《心流》，这里不重复了。需要注意的是，史蒂芬·科特勒的这本书里提到了一种常见的对心流的误解——心流是一种全程很舒服、很流畅的状态。

心流的确是一种很棒的状态，但这只是整个心流循环的一个阶段。完整的心流循环包括挣扎、放松、心流和恢复四个阶段，每获得一次心流体验，都意味着你需要完整地经历这个过程。你需要在不适、放松、流畅和宁静中循环往复，这才是心流的全貌。

在进入心流之前的挣扎阶段，你必须学习大量的知识、技能，这个阶段几乎没有乐趣可言，就是一个从头开始，一点点学习的过程。

然后你要进入第二个阶段——放松。这时候你要把注意力从技能转移到自己身上，关闭大脑的注意执行系统，把内化技能的任务交给潜意识。这就是你练习一天投篮都很笨，第二天投篮却神准的原因。度过了这个阶段，你就度过了时不时想抽自己几下的笨拙期。

接下来，你才能进入心流状态。

体验完心流之后，要进行积极的休息，比如慢跑、冥想、睡眠，以便为下一个挣扎阶段储备能量。

所以，心流也是一种精妙的自我管理技术。

有了动机、学习力、创造力和心流，达成看似不可能的巅峰表现的策略和技巧也就讲完了。

我问自己：阅读这本书的过程，在我自己的心流循环里，处于什么位置呢？

我想，读完这本书，仅仅是个开始，我还处在孕育动机和开始学习的阶段。书中的案例让我相信，确实有人能做到看似不可能的事；书中的学习策略和技巧更使我安心，觉得自己也能行。

接下来，重要的就是开始行动和练习，不是吗？

古　典

2021 年 10 月

推荐序三

在挑战中孕育人才

樊　登

“樊登读书”首席内容官

如果你的效能能够提升 500%，你的生活将是什么状态？这是很多人不敢想象的事，我们会觉得，一个人怎么可能做到？其实，这是托词和借口，是固定型思维，不是成长型思维，是自己不愿意努力去变得更卓越的理由。

实际上，每一个人身上所拥有的潜力都是无穷的。前段时间我跟一个离职员工聊天，就特别高兴。他在“樊登读书”工作时，一年收入最多 20 万，而现在他创业一年赚一千多万，就是找到了那种“超人”的感觉，努力地做自己喜爱的事情，沉迷其中，他的效能提升何止 500%。

你可能会好奇，普通人如何完成不可能的目标？史蒂芬·科特勒的这本书就给了我们一些路径和答案。它不是世俗的成功学，或者心灵鸡汤，而是从神经生物学的角度，讲述人体如何在最佳机能下运转，达到一种被称为“巅峰表现”的状态。这种状态的外在表现就是“突飞猛进”，也是就挑战不可能。

为什么是神经生物学？因为人类与大多数哺乳动物一样，经历了数亿年的进化，每个人体的基础生物机制都是相同的。所以，作者认为，破解基础神经生物特征的奥秘，就能挖掘出一套激发巅峰表现的机制。正如书中所说：“个性是无法复制的，能复制的是生物机制。”

作者刚入行时，曾经有一段时间一直做极限运动的采访。为了能够深入了解极限运动，他亲自参与其中，跟着职业运动员跋山涉水，身体也因此多处骨折。由这些极限运动员的经历，结合自己的亲身体验，再加上对很多专家的采访，作者总结出，要想挑战不可能，最重要的是动机、学习力、创造力和心流这四件事。也就是说，当你能够在心流的状态下，去实现你的学习力和创造力，并且有一个强大的内心动机让你能够持之以恒，就能实现各种各样不可能的事情。

每年的最后一个季度，很多公司都会讨论新一年的业绩目标。对大多数公司来说，100% 的增长目标，就已经是不可能达成的，而在樊登读书，我们经常问：“是否有十倍好的机会？”在我看来，“十倍好”原则其实是一种思维方式。

到 2021 年，樊登读书已经创立 8 年，我们每年都在思考“十倍好”这件事，盯着这个目标往前走。所以，我们有一位代理商，在 3 天内卖出了一万张卡，而按照惯性思维，一个人卖两三千张卡就已经很厉害了；有为了打磨出直播的SOP（标准操作程序），用3个月时间，每晚11点直播两小时，把自己练成百万级主播的项目负责人；有用5门精品课，半年销售过千万的创新小组……这些都是特别有意思、将不可能变成可能的案例。

关于人才，网飞CEO里德·哈斯廷斯在《不拘一格》中说要提高“人才密度”。那么，你是否想过真正的人才到底是从哪里来的？看到这个问题，很多人脑海中浮现出来的第一个声音，往往是“去挖人”，结果却是挖来的人容易变成“空降兵”，无法很快、很好地融入团队，甚至导致团队出现“排异现象”。就如人体一样，生物体对不属于自己的物质，会产生排斥性的抗体。

所以，如果想要打造一个高密度的人才团队，就需要拥有生物态的思维：先让人才在丰厚的土壤之中自由地萌芽，有了萌芽之后，物竞天择，适者生存，最后能存活下来的，就是你需要的人才。在我看来，好的人才都是“长”出来的，放手给每一个员工充分的“挑战不可能”的机会，就是孕育人才的“成长土壤”。

樊登读书的大多数员工都是“90后”，本科刚毕业就加入我们的团队，基本没有行业背景和工作经验，属于标准的无名小卒。然而，正是这群积极、阳光、健康的“无名小卒”，在公司为他们提供的“土壤”和平台上，做出了令业界瞠目结舌的成绩。在这一过程中，我从来没有参与过公司的日常管理，全公司都在上海，而我一个人待在北京。

如果我们整天都把注意力放在一些常规的目标、“应该”的事情上，那么将永远不可能取得颠覆性的进步。要不断地逼问自己和团队，去思考如何才能实现不可能，并付诸行动。坚持做难而正确的事，而不是应该的事，或许开始是艰难的，也许过程会更艰难，但是坚持走下去，时间自然会给出答案。

在我看来，这本书就是向尼采的哲学致敬，就是尼采所说的“杀不死我的，会使我更强大”的真谛。孟子说，“天将降大任于是人也，必先苦其心志，劳其筋骨，饿其体肤，空乏其身，行拂乱其所为”，也是这个道理。

最后，希望这本书能够帮大家跨越不可能，成为更好的自己。

樊　登

2021 年 10 月

前言

“不可能”的公式

极致创新

本书讲述的是如何完成看似不可能完成的任务。确切地说，对于缺乏实践能力的朋友，特别是对于那些总是用不切实际的标准来要求自己，或是对自己抱有不切实际的预期的朋友而言，这是一本非常实用的指导手册。

首先，定义是非常有意义的。

我在此处提到的“不可能”这个词，指的是一种极致的创新。那些善于解决“不可能”问题的人，不仅会在做事的方式上创新，也会在思想上创新。“不可能”这个词划定了一个范围，指的是以前从未有人做过，而且大多数人认为永远也做不到的事情，这些事情超越了我们的能力和想象力。从字面意义上来理解，有一些极度不可能的事情，令人连想都不敢想，比如做出颠覆性的突破、4 分钟内跑完 1 英里[①]、对月发射航空器等。我们将这类不可能的事情用大写字母 I（“不可能”的英语单词“impossible”的首字母）来表示。

还有一类不可能，我们用小写字母 i 来表示。i 类“不可能”仍然超越了我们的能力和想象力，但是其程度较轻。i 类“不可能”指的是那些让人主观上觉得不可能做到的事情，也就是说，包括我们自己在内的所有人，都从来没有想过自己能做到这些事——至少有一段时间是这样认为的。

我的亲身经历就属于第二种情况。我在俄亥俄州的克利夫兰城长大，从小便渴望成为一名作家，然而除了每天奋笔疾书，我并不知道该如何成为一名作家，也并未结识任何作家，甚至连一个想要成为作家的人都不认识，我找不到通往作家梦的路径。那时候没有互联网，连书都很少，我也找不到人倾诉困惑。这个作家梦对我而言就是一种不可能。

按照这个思路，想清楚如何通过做自己喜欢的事情来赚钱，也是一种 i 类“不可能”。与之类似，脱贫致富、克服心理创伤或者成为成功的企业家、艺术家、音乐家、喜剧演员、运动员，甚至取得任何一种世界级的成就，都是一种 i 类“不可能”。你发现这些成就之间的共同点了吗？那就是通往成功的旅途没有清晰的路径，而且从统计结果来看，成功的概率非常低。

然而，并没有什么所谓的成功秘诀。我耗时几十年研究这

① 1 英里 ≈1.6 千米。——编者注

个课题，训练人们克服成功路上的种种困难。在这个过程中，我一次又一次地认识到，如果你能投入全部身心去完成一个 i 类“不可能”，或许最后会出乎意料地完成一个 I 类“不可能”。

因此，虽然这本书是基于很多 I 类“不可能”的经验而撰写的，但也适用于任何想要挑战 i 类“不可能”的朋友。

“取得进步”与“挑战不可能”有本质的区别，后者可能更加危机四伏，也更加枯燥、艰难。据我所知，追求真正的卓越是非常劳神的，唯一比之更艰难的，是根本不去追求真正的卓越。另外需要说明的是，这本书不会讨论如何应付喜怒哀乐这些情绪。一方面是因为已经有太多这样的书，另一方面是因为，快乐或悲伤只是在挑战不可能的过程中发生的事情而已，更有意义并不一定意味着更开心。

我是付出了惨痛的代价才明白这一点的。

20 世纪 90 年代初，我入行成为一名记者，之后就遇上了“挑战不可能”问题。那时候，极限运动——滑雪（包括单板滑雪）、冲浪、跳伞、攀岩等——刚刚开始走进公众的视野，世界极限运动会（X Games）和重力极限运动赛（Gravity Games）刚刚开始举办。国家媒体开始关注这类话题。

但是那时候，并没有多少记者深入了解这些运动。这意味着，如果你在具备写作能力的同时，又会冲浪、滑雪、攀岩等其中任何一项运动，就有工作机会。当然，我是哪一项都做不好的，但是我被这些运动深深吸引，非常渴望从事相关工作。因此，我对我的编辑谎称自己会这些运动，并且在接下来十年的大部分时间里，追随职业运动员跋山涉水。

事实证明，如果你不是职业运动员，而你又长年累月地追随那些在高山大海间乘风破浪的职业运动员，你就会打破很多东西。我就打破了很多东西：两根手指粉碎性骨折，两根锁骨骨折，肩袖撕裂，四根肋骨骨折，两只胳膊和手腕断裂成 6 块，两块膝盖骨断裂，腿上 65 处骨折，尾椎骨折。除此之外，我还打破了一样东西——自负。

正如我说的，追求不可能是要付出代价的。

但是这些事情加起来，在现实世界里会产生什么结果呢？这是发生在我身上的事：每次我外出跟踪拍摄，结束后就会被迫躺在床上休养几个月。但再次回到工作岗位之后，就会在自己身上看到惊人的进步。这种进步非常出乎意料，而且很难解释得通。

那些在三个月前被认为是绝对不可能做到的事情——从来没人做到过，看似永远不可能做到的事情——不仅做到了，而且一次又一次地做到了。“这太令人费解了，”滑雪传奇人物杰里米·琼斯解释说，“早上还是不可能的事情，到了晚上就变成可能了。那些被严格遵守的规则，那些从这些（极限）运动诞生之初就存在的规则，那些类似于‘不这样做就会死’的规则，每天都在改变，有的甚至每小时都在改变。”[1]

举个例子。冲浪这项古老的运动，其历史可以追溯到一千多年前。在很长一段时间里，这项水上运动的发展都很缓慢。从公元 4 世纪这项运动被发明起，一直到 1996 年的这一千多年里，人类冲浪最大浪高纪录是25英尺①。[2]那时人们普遍认为这已经是人类的极限，不可能再超出这一范围，因为这是由自然规律所决定的。[3]然而在今天，仅仅过了25年，运动员已经能够在60英尺高的海浪中冲浪，而且有时还会挑战超过100英尺的巨浪。[4]

本书的开头，“不可能”被描述成一种“极致创新”，这就是我想表达的意思。不只冲浪，几乎所有极限运动都出现了大量极致的创新，这毫无疑问引起了我的注意，但吸引我的不仅是那些显而易见的因素。

当然，运动员每天都在完成不可能完成的任务，这显然需要一个解释。但更重要的是，把不可能变成可能的为什么是这些运动员？

20世纪90年代早期的极限运动员，大多是那种不拘小节、好像天生就不招人待见的人。几乎所有我认识的极限运动员出身都很一般，很多都来自破碎家庭，小时候度日艰难，也没受过什么教育。然而，就是这样一群人，居然一次又一次地创造了不可能，而且在这个过程中，不断刷新人类这个物种的极限。

我熟识的一位编辑经常说：“新闻事业是世界上最伟大的工作，因为你偶尔会发现自己融入了历史的洪流中——如此近距离地见证历史有时候让人觉得不可思议。”

我就有过这样的经历。

很难描述和这些朋友并肩作战的感受。他们能一口气喝11

---

① 1英尺≈30.5厘米。——编者注

杯龙舌兰酒，还能干出很多疯狂的事：把一辆停在滑雪区停车场后面的旧校车当作滑雪跳台，在上面玩跳台滑雪；在结满冰的停车场里，被一辆时速 50 英里的雪佛兰旧皮卡载着起跳，只为赢得 5 美元，甚至有人赌他们是否敢豁出命去赤身裸体做后空翻——毕竟想在滑雪城挣够房租并不容易。

然而到了第二天，同样是这群朋友，会在崇山峻岭中创造历史，会做到历史上从未有人做到，也没有人相信能做到的事。“这当然很神奇，”托马斯·品钦写道，“但未必不能实现。”[5]

我想知道为什么他们能做到，如何做到的，以及你我这样的普通人是否也能做到。换句话说，我很好奇这个让人做到“不可能”的公式是什么，我也确信肯定有这样一个公式。我之所以有这样的感觉，是因为尽管这些成就看似不可能，我却不止一次地见过别人取得了这样的成就。

我弟弟并不会魔术

9 岁那年，我第一次见证了“不可能”的存在。那是 1976 年，恰逢美国独立 200 周年，我 7 岁的弟弟创造了不可能。

那是一个傍晚，我弟弟从一个朋友家回来，他从溅满泥浆的牛仔裤口袋里掏出一个直径约 1 英寸[①]、颜色像消防车一样鲜

① 1 英寸 ≈2.5 厘米。——编者注

红的海绵球。他用右手捏着这个球，慢慢地放在左手手心，然后把左手攥紧，举起来向我们展示。他邀请一位观众——可能是我，也可能是我母亲——朝他的手吹一口气，我们照办。当他再次张开手时，我惊呆了——那个球不见了，消失得无影无踪。

我很确信，我弟弟做了一件不可能的事。

当然，现在对于很多人来说，让一个海绵球凭空消失并不是什么令人叹为观止的把戏。但当时的我只有 9 岁，此前从未见过这样的戏法，“凭空消失”的魔术真的让我觉得很难理解。

让我难以理解的有两点。

第一，那个球消失了，这是肉眼可见的。第二点则不是一眼就能看出来的——我弟弟并不是魔术师。

对于第二点，我非常确信。在我和弟弟共同生活的 7 年中，他从来没做过一件违反自然规律的事。他从来没让什么东西悬浮起来过，我父亲最喜欢的咖啡杯丢失时，也没有人指责是我弟弟把它传送到了其他时空。因此，尽管我弟弟做到了一件不可能做到的事，但肯定是有原因的。也许他掌握了某些技能，也许他是通过不断练习学会的。

这一惊人的认知意味着，做到“不可能”是有公式的。我最想了解的就是这个公式。这就能很好地解释接下来发生的事。

我开始学习变戏法，比如纸牌戏法、硬币戏法和海绵球戏法。到 11 岁的时候，我基本上把本地的魔术商店“潘多拉魔盒”当成了家。我在“潘多拉魔盒”里看到了很多不可能发生的事情。

20 世纪 70 年代是魔术的全盛时代，顶尖的魔术师会定期巡演。也不知道为什么，俄亥俄州克利夫兰城总是最后一站——魔术总是在这里被传承下来。这真是天大的好运气。这意味着，魔术世界里的所有人迟早都会来到我的世界。那么，我就有机会近距离地观察“不可能”了。

那些年我学到的最重要的一点是：一个戏法不管表面上看起来有多不可思议，它背后总有一套可解释的逻辑。也就是说，不可能的背后是有公式的。更神奇的是，如果我自己去挑战不可能，有时候就能学会那个公式。正如我的第一位魔术导师挂在嘴边的一句话：“只要长年累月地练习，几乎没有什么是不可能的。”

这位导师总是喜欢说，历史充满了不可能。人类历史就像一座坟墓，埋葬了许多看似不可能的创意。譬如飞行这个古老的梦想，从第一幅人类长着翅膀的岩画诞生，到莱特兄弟在基蒂霍克海滩完成第一次飞行而被载入史册，足足经过了 5000 年。但人类关于飞行的梦想并没有就此止步，在此后的岁月中，人类又依次实现了跨大西洋飞行、太空飞行，还实现了首次登月。每一次将不可能变成可能，都是因为有人发现了这个公式。我的魔术导师说：“如果你不知道这个公式，那些不可能的事情当然会看起来很神奇，但现在你知道了，也就不会被唬住了。”

不知道为什么，小时候的这些想法从未离开过我的脑海。

因此，当极限运动员开始越来越轻松地达成一些看似不可能的目标时，我猜想，这背后也一定有某个公式，而且这个公式是可学习的。当然，为了验证这个猜想，我付出了巨大的代价——不仅骨头断了好几根，还不得不付医药费。事实上，早在弄清楚这些运动员是如何完成不可能的任务之前，我就已经清醒地意识到，如果继续跟在他们身边研究如何挑战不可能，我可能活不了太久。

因此，带着这个疑问，我开始投入其他领域进行观察研究。几乎所有你能想到的领域——无论艺术、科学、技术、文化还是商业——我都有涉猎，只为找到那个实现"不可能"的公式。对于个人、团体或者机构来说，怎样才能显著提升比赛水平？如何才能实现颠覆式的突破？换句话说，从切实可行的角度出发，如何才能让不可能变成现实？

这些问题的答案，大部分都作为素材写进了我的书里。《未来世界》(*Tomorrowland*)记录了对一些特立独行的创新者长达二十年的调查结果，他们把科幻小说中的情节变成了现实世界中的"黑科技"，把根本不可能的事情变成了现实——他们创造了未来。[6]《创业无畏》(*Bold*)讲述了埃隆·马斯克、拉里·佩奇、杰夫·贝佐斯、理查德·布兰森等新贵企业家的事迹，他们用几乎破纪录的时间，在所有人都觉得不可能成功的领域，打造了超乎人们想象的商业帝国。[7]《富足》(*Abundance*)讲述了一些个人和小型组织如何应对及解决极难应付的全球性挑战，例如贫困、饥荒和水资源短缺等问题。这些巨大的挑战在十年前还只有大公司和强有力的政府才敢触及。[8]还有很多类似的案例也写进了书里。

我从这些案例中学到了和小时候学变魔术时相同的道理：所有不可能的事情最后变成可能，一定都是因为遵循了某个公式。

再次重申，定义是非常有意义的。

我在此处提到的“公式”这个词，与计算机科学家所说的“算法”意思是一样的，指的是为了得到同一结果所遵循的步骤序列。虽然本书后面的内容讲解了这个公式的细节，但有几个关键问题应该提前回答。

生物学原理

为什么实现“不可能”有一套公式？这是马上要回答的第一个问题。

生物学给了我们答案。

人类经历了数亿年进化，每个人体的基本机能是相同的。在心流研究小组（Flow Research Collective），我们就人体所能展现的最佳机能进行了神经生物学研究。神经生物学旨在研究神经系统的结构和功能，即研究神经系统各个组成部分（尤其是大脑）的运作原理和组合运作原理。[9] 也就是说，我们在心流研究小组的课题是研究人类神经系统在最佳状态下的运转。接下来，我们将研究成果应用于对不同对象的训练，受训者中不仅有美国特种部队的成员，也有《财富》世界100强公司的高管，还有普通大众。因为这些训练是基于神经生物学的研究成果展开的，因此对每个人都有效。

我们在心流研究小组经常说这样一句话："个性是无法复制的，能复制的是生物机制。"这句话的意思是，很多时候人们能找到激发自己巅峰表现的方法，就会觉得这套方法对其他人也管用，但事实上很少会这样。

更常见的情况恰恰相反。

问题的关键在于，每个人的个性都是独一无二的。激发巅峰表现力的关键特质（比如风险承受能力或性格内外向程度）是由基因编码决定的，这是一个神经生物学过程，很难改变。再加上文化背景、经济状况、社会地位等外部因素的影响，这个问题就更复杂了。因此，对我有效的方法，对你却基本不奏效。

所以个性是不能复制的，但生物机制可以，这是人类在千百年进化中形成的共同特质。这向我们揭示了实现不可能很重要的一点：如果我们能深入个性之下，深入那些能够激发我们巅峰表现的、柔软的，往往也是主观的心理活动之下，并且破解基础神经生物机制的奥秘，那么我们就能挖掘出一套激发巅峰表现的机制。基础生物机制是进化而来的，大多数哺乳动物和人类都拥有这样的机制。

这就引出了下一个问题：实现不可能的生物学公式是什么？

答案就是心流。

心流被定义为"一种最理想的意识状态，该状态下人们会呈现出最佳的自我感觉和外在表现"。[10] 心流是人类为了取得巅峰表现而进化出的一种状态。这也解释了为什么无论在哪个领域，每当不可能的事情变成可能时，心流总是发挥着重要的作用。心流背后的神经生物学原理即为“不可能的艺术”背后的运作机制。

当然，仅仅将心流描述为“最理想的意识状态”并不能让我们对此有深刻的理解。更具体地说，“心流”这个术语描述的是我们专注于手头的任务时，那种全神贯注的、忘我的甚至感受不到周围一切的状态。你的行动和意识合二为一，自我意识消失，时间似乎静止了。在这种状态下，你的外在表现会突飞猛进。

但心流对体能和精力的影响非常之大。[11] 在心流状态下，在体能方面，力量、耐力和肌肉反应灵敏度都会得到显著提升，同时，疼痛感、消耗感和疲劳感都会显著减轻。

此外，心流会在认知层面产生更大的影响。人们的动机和生产力、创造和革新能力、学习能力和记忆能力、同理心和环境洞察能力，以及合作与协同能力在心流状态下都会得到显著提升。一些研究发现，心流状态下的人在这些方面的表现是平常的500%。

这就引出了最后一个问题：为什么人类会进化出能够强化这些能力的特殊意识状态呢？

为了生存，大脑在进化中被不断重塑。进化本身是由可用资源驱动的，资源的稀缺性一直是人类生存的最大威胁，因此这成了人类进化的最主要驱动因素。对于这种威胁，人类只有两种应对方法，要么去争夺日益减少的资源，要么去探索，用创造力、创新精神和合作精神去创造新的资源。

这就解释了为什么心流可以提升人类的上述技能，因为这些技能恰恰是进行战斗或逃跑、探索或创新所需要的能力。由于实现不可能是极致创新的一种形态，所以人们把不可能的事情变为可能时，总是处在心流状态。心流对极致创新的作用就像氧气对呼吸的作用一样，是完成这个过程的生物学基础。

不过，关于心流的内容我主要会在其他的书中阐述。

虽然本书的内容会涉及心流，但这部分内容的主要目的是揭示一个重要的观点：当你要挑战不可能解决的问题时，心流只是必要条件，而非充分条件。

毫无疑问，实现不可能——实际上也就是显著地提升自己的表现水平——是需要心流的，但同时也需要通过训练来强化心流所能激活的技能：动机、学习力和创造力。这一点看起来似乎有些令人费解，甚至略微自相矛盾，但是通向不可能的道路是漫长的，我们需要在非心流状态下前行很长一段时间。更重要的是，为了能自如地应对心流状态所带来的能力猛增，我们需要特别扎实的基础。汽车以每小时 10 英里的速度撞墙，会把保险杠撞瘪；但以每小时 100 英里的速度撞同一堵墙，后果就比撞瘪保险杠严重多了。这个道理同样也适用于心流。

基于以上原因以及尚未提到的其他原因，本书将重点研究四种认知能力——动机、学习力、创造力和心流。你将会了解为什么这些技能对于巅峰表现至关重要。我们将会剖析这些能力是如何通过大脑和身体运作的，这些研究成果将帮助我们在通往不可能的道路上急速前进。但在正式开始之前，我们有必要从哲学角度对这些人类共有的能力进行思考。

巅峰表现是一场无限游戏

哲学家詹姆斯·卡斯用“有限游戏”和“无限游戏”来形容我们在地球上生存和活动的主要方式。[12] 正如其字面意思，“有限游戏”是有边界的，其结局和玩家数量是有限的，每个人都要遵守既定的游戏规则，最终会有赢家和输家。国际象棋或跳棋都属于这类游戏，政治、体育和战争也属于这类游戏。

无限游戏恰好相反。无限游戏没有明确的赢家或输家，没有确切的比赛周期，也没有固定的游戏规则。无限游戏的领域是可变的，玩家的数量也是不断变化的，游戏的唯一目标就是让游戏延续下去。艺术、科学和爱情都属于无限游戏。最重要的是，巅峰表现也属于一种无限游戏。

巅峰表现不是靠竞争赢得的。在这场游戏中，没有固定的规则，也没有固定的赛程，赛场的大小取决于你选择过怎样的生活。

巅峰表现是一场无限游戏，但也不完全是，它是一种不寻常的无限游戏。你或许有一定的赢的概率，但输的概率基本上是 100%。哈佛大学杰出的心理学家威廉·詹姆斯是这样解释的：“人类个体一般都远未达到极限。人们囿于自身习惯，从未将与生俱来的诸多能力发挥到极致。人的精力并未得到充分使用，其行为表现也低于巅峰水平。在基础学习能力、协调能力、自律和自控力等任何你能想到的方面，人的能力就像癔症患者的视野一样被压缩了。然而，我们也没有什么理由为自己辩解，因为癔症是一种疾病，而我们大多数人只是养成了一种根深蒂固的习惯——对自己整个人的习惯性自卑。这糟透了。”[13]

詹姆斯认为，我们之所以没能发挥出全部潜能，是因为没有养成发挥潜能的习惯。我们总是不自觉地沿袭错误的路径。我们没能正确地对待游戏。这真是太糟糕了。

上述詹姆斯的话出自他19世纪末的一部著作，这是有史以来第一部正式出版的心理学教科书。如果把历史的镜头拉到离我们更近的距离，你会发现，2002年，编剧查理·考夫曼在电影《危险思想的自白》（*Confessions of a Dangerous Mind*）的开头也说过类似的话：“年轻时，你的潜力是无限的。说实在的，任何事都有可能做成。你可以成为爱因斯坦，也可以成为迪马吉奥。直到某一天，你身上的可能性消失殆尽，你没能成为爱因斯坦，你只是一个无名之辈。那真是糟糕的时刻。”[14]

那么，我们能确信的是什么呢?

人的一生只有一次机会，而1/3的时间都要用来睡觉，因此如何利用其余2/3的时间，就成了唯一会对结果产生影响的问题。

这是否意味着，如果你没能成为一名成就卓著的物理学家或者打破纪录的棒球运动员，就是人生这场无限游戏的失败者？并非如此。但如果你不全力以赴，不去挑战那些不可能的事情——无论是什么样的不可能——你就是失败者。

每个人都能做到远远超乎自己想象的事情。这是我花费毕生时间研究巅峰表现所得到的最主要的结论。此时此刻，我们每个人都拥有非凡的可能性。但是，这种非凡的能力并非随时随地都能展现，只有当我们把自己推向能力的极限时，它才会出现。因此，只有远离舒适区，我们才能发现自己真正的力量，才能发现自己可以成为什么样的人。换句话说，判断你是否有能力打破不可能的唯一方法，就是去尝试打破不可能，无论这件不可能的事情是什么。

这也是说巅峰表现是一场无限游戏的另一个原因，同时也是这本书的核心部分所描述的四项技能为何如此重要的原因。动机能让你投入游戏，学习力能帮助你持续参与，创造力能为你指明前行的方向，而心流则帮助你火力全开，超越所有理论标准和预期。朋友们，这才是真正的不可能的艺术。

欢迎加入无限游戏。

跨越不可能

第一部分 动机

如果生活不是一场真正的战斗，

不能奋勇作战赢得这场战斗，

为世间万物留下永恒的遗产，

那么生活与一场可以随意罢演的独角戏无异。

但生活就是一场真正的战斗，

如同浩瀚宇宙中未开垦的荒芜之地，

等待着我们的救赎。

——威廉·詹姆斯[1]

第 1 章

解码动机

本书的内容建立在一个前提下：实现“不可能”有一个公式。不可能的事情变成可能，实际上是娴熟应用四种技能并显著提升其效果而达到的最终结果。这四种技能即动机、学习力、创造力和心流。

本书的目的是从科学的角度来解读这些技能。我们希望探究这些能力背后的基本生物学机制，然后利用这些机制使它们得到更好的发挥。也就是说，让身体的运作方式为我们所用，而不是与我们作对。

我们将在本书的四个部分中依次探究动机、学习力、创造力和心流这四种技能。在每一个部分中，我将详细讲解这些技能在大脑和身体中运作的原理，然后通过一系列的练习，帮助你掌握在生活中应用这些原理的最佳方法。

首先要了解的是动机，我们将以动机为起点，开始探索巅峰表现之路。而“动机”这个心理学家所使用的术语，实际上是三种技能的集合：驱动力、目标和坚毅力。

驱动力是第2、3两章的主题，指的是强大的情感驱动因素，如好奇心、激情和使命感，这些情感会“驱动”人们无意识地做出某种行为。[1]这一点非常重要。大多数人在提到驱动力的时候，实际上想到的是坚毅力，也就是在没有驱动力的情况下支撑我们坚持下去的力量。想想最简单的驱动力：好奇心。当我们对某些事物感到好奇时，便不觉得废寝忘食地去了解相关知识是一件苦差事。当然，我们实际上是需要付出努力的，但主观感觉上就像在玩耍一样乐在其中。当工作变成游戏时，有一点是确凿无疑的，就是你正在玩一场无限游戏。

第4章的主题是“目标”，旨在探讨我们如何找到真正想要到达的目的地。受很多神经生物学因素的影响，如果我们知道前进的方向，就能更快地到达目的地。这些神经生物学因素将在接下来的章节进行讨论。通往不可能之路道阻且长，我们需要目标感来帮助自己加速完成使命。

第5章的主题“坚毅力”，是大多数人提起动机时首先想到的东西。坚毅力是毅力、决心和勇气的集合，是不管遇到什么困难都能坚持下去的能力。

现在，让我们从动机开始探索。原因很简单——我们只能从动机开始，别无选择。

动机心理学

挑战不可能完成的任务，需要日拱一卒的长期积累。老子说："千里之行，始于足下。"[2]此言不虚。但你要知道，这是一段在黑暗中爬坡的千里之行，不进则退。

不可能之旅往往是一段充满艰辛的长途跋涉，精英玩家从不依赖单一的燃料来源，无论是体能燃料还是心理燃料。

在体能方面，巅峰表现者总是会努力获得充足的睡眠和运动，并坚持摄入适当的水分和营养。这些日常活动加在一起，构成了培养、提升、协调体能的基本条件。不过，这不是本书关注的重点。

同样重要的是，巅峰表现者也会积累心理燃料。他们会培养并校准自己的动机，如好奇心、激情和使命感，通过叠加这些精神能量来源，获取生活中效力最强的情感燃料，以备不时之需。

那么，究竟是什么在驱动我们呢？

关于这个问题，其中一种思考方式是从进化的角度出发。我们知道，资源的稀缺性驱动了人类进化。我们在寻找资源的过程中经常遇到的问题，都是数百万年的进化活动不断驱动人类去解决的问题。

把进化想象成一款有两大关卡的电子游戏。为了在第一关取胜，你必须获得比游戏中的其他玩家更多的资源，比如食物、水、居所、伙伴等。在第二关，你必须利用这些资源繁衍后代，并帮助后代生存下去，要么繁衍足够多的后代以保证自己的种群不被天敌消灭（鱼类正是这样做的），要么保证后代的安全，并且传授他们获取资源的技能（人类是这样做的）。

无论哪一关，资源获取都是关键。

正如前文所述，只有两种策略可行。要么为日益减少的资源而战，要么变得富有创造力，去创造更多的资源。因此，从进化的角度讨论驱动力，本质上讨论的是解决资源稀缺问题的不同方式背后的心理燃料。这里主要指两种方式：战斗或逃跑，探索与创新。

恐惧是一种心理驱动力，因为它会驱使我们争夺资源，逃离危险，并且避免成为别人的资源。恐惧也会驱使我们带着全副身家横渡大洋去寻找更多的资源。好奇心则是另外一种心理驱动力，它让我们渴望知道大洋彼岸是否有更多的资源。激情则驱使我们主动去掌握航海所需的技能。目标也是一种驱动力，因为它为我们指明了前往大洋彼岸寻找什么资源以及寻找这些资源的原因。

这样的例子不胜枚举。

为了便于研究，科学家们把心理驱动力分为两类：外在驱动和内在驱动。[3] 外在驱动是我们自身之外的奖励，比如金钱、名声和性。金钱可以购买衣物、食品和住所，所以大脑将我们对金钱的渴望视为基本的生存需求。名声可能看起来无关紧要，但名人往往拥有更多的资源。性是人类在进化生存游戏中获胜的唯一途径，这就解释了为什么广告中包含性暗示可以刺激销量，以及为什么酒吧在周五晚上总是挤满了人。

内在驱动则相反，它是我们自身的心理和情绪力量，如好奇心、激情、意义感和使命感。另外，自主性——对掌控自己生活的渴望——也是一种内在驱动，掌控感——我们出色地完成一项工作时的感受——则是另一种强有力的内在驱动。

在 20 世纪的大部分时间里，研究人员都认为外在驱动比内在驱动对人的影响更大，但在过去几十年中，随着人们对内在驱动的深入理解，这种观点发生了改变。我们现在发现了一套动机层次理论。外部驱动非常有效，但仅在我们获得生命安全和保障之前——这意味着我们需要足够的金钱来解决温饱和住所问题，还要剩余一点钱用于享乐。研究表明，以美元为例，在今天的经济发展状况下，维持上述状态每年大约需要 7.5 万美元。[4] 诺贝尔经济学奖得主丹尼尔·卡尼曼发现，美国人的幸福感会随收入水平的上升而上升，但当年收入达到约 7.5 万美元后就进入了瓶颈。超过这个临界点之后，幸福曲线开始大幅偏离收入曲线，幸福变得与收入无关，因为一旦人类满足了基本需求，满足这些需求所需的物质条件就开始失去诱惑力。

一旦外在驱动开始失效，内在驱动就会取而代之。在商业领域，我们会发现，公司激励员工的方式正是运用了这个原理。一旦员工觉得自己付出的时间得到了合理的回报，也就是说，报酬达到每年 7.5 万美元以上，那么即使加薪、发年终奖也无法有效提升他们的工作效率或工作表现。一旦跨越了这条基本需求线，员工就会更加希望得到内在的奖励，比如希望控制自己的时间（自主性），做自己感兴趣的项目（好奇心或激情），以及做更重要的项目（意义感和使命感）。

这也是进化在发挥作用——并不是进化终止了“获取更多资源”的游戏，而是我们的策略在进化。一旦基本需求得到满足，你就可以为自己、为家庭、为国家、为民族找到“更多的资源”。“意义感和使命感”这种高境界的追求可能表面看上去像一个驱动因素，实际上是进化在暗示：“好吧，你已经给自己和家人争取到了充足的资源，现在应该为你的国家和民族出一份力了。”这也是大脑觉得不同的驱动因素之间并没有太大差别的原因——它们是内在驱动还是外在驱动并不重要，就像生命中的很多事情一样，驱动过程归根结底是受神经化学因素影响的。

从神经化学视角看待激励

动机是一种信息，是大脑在传递“嘿，从沙发上起来，把这件事干了，这对你的生存非常重要”的信息。为了发送这种信息，大脑必须依靠四个基本组成部分：神经化学和神经电——它们构成了信息本身，神经结构和脑网络——它们构成了信息发送和接收的终端。

信息本身是最基础的组成部分。[5] 在大脑中，所有的电信号只承载一个含义：把现在正在进行的活动持续下去。

如果有足够的电流汇入一个神经元，这个神经元就会发出信号，并将电流传递到下一个神经元。如果有足够的电流汇入下一个神经元，那个神经元也会释放信号。就像水车上水斗中的水一样，只要持续往一个水斗里倒水，迟早会灌到下一个水斗里，不断传递。两者的机制是相同的。

化学信号同样也很简单，不过它们可以承载两种含义：继续现在正在进行的活动，或者抑制现在正在进行的活动。

然而，神经化学物质并不智能。虽然神经化学物质会传递信息——“发动这个活动”或“抑制这个活动”——但实际上神经化学物质本身就是信息。在神经化学物质发挥作用的突触（即每个神经元的相接之处）内部都有神经末梢，每个神经末梢都有特定的几何形状，每一种神经化学物质也都有特定的几何形状。两者的形状如果一致，神经化学物质就可以进入受体，如果不一致，则无法进入。当神经化学物质多巴胺这把“钥匙”与多巴胺受体这把“锁”相吻合时，信息就会被传递出去。

神经结构和脑网络则是这些信息被发送和接收的地方，是大脑产生和处理信息的场所。[6]

神经结构描述的是特定的大脑结构：岛叶或内侧前额叶皮层。但是，在大脑中，不同的结构用于执行不同的任务。例如，内侧前额叶皮层的主要功能是辅助人类进行决策和长期记忆。[7]因此，如果一个特定的“发动”信息被传递到内侧前额叶皮层，除了会让人产生“发动这项活动”的冲动，有时还会有一些微妙的调整，即发动“决策和读取长期记忆”活动。

脑网络指的是由直接关联的大脑结构共同构成的组织，或者是能够被同时激活的大脑结构。[8] 例如，岛叶和内侧前额叶皮层连接在一起，并且经常同时工作，这使得它们成为所谓的默认模式网络的重要中枢。

当大脑想要激发我们的积极性时，会通过七个特定大脑网络中的一个来发出神经化学信息。[9] 这些网络自古以来就一直存在于所有哺乳动物的脑中，每一种网络都会产生相应的行为。前两种网络系统分别对应“恐惧”和“愤怒”的情绪；第三种对应“悲伤”的情绪，在学术上有时也用来指“分离焦虑”；第四种对应“性欲”，它会驱使人类繁衍后代；第五种对应“关怀 / 养育”，它会促使我们去保护和教育后代。而当我们谈论驱动力（即推动我们前进的心理能量）时，实际上是在谈论最后两种功能网络系统——“游戏 / 社交”系统和“探索 / 欲望”系统。

首先来看激发驱动力的“游戏 / 社交”系统，它所对应的是充满乐趣的行为，我们小时候都干过：奔跑跳跃，追逐嬉戏，摔跤打闹，当然，还有社交。科学家们曾经认为玩耍的意义在于练习——今天练习战斗，是因为明天可能真的要为生存而战。但后来的研究发现，游戏主要是为了让人们掌握社会规则，学会社交互动。当你和弟弟玩的时候，妈妈会呵斥“不要欺负比你小的孩子”，这正是在向你灌输社会规则。游戏的意义在于教会我们各种各样的道理，比如强权不一定代表真理。大自然正是用这种方式来教导我们，而且这种教导是自动发生的。[10]

玩游戏时，大脑会释放多巴胺和催产素，这是两种最重要的“奖励性”化学物质。当我们完成或试图完成任何满足基本生存需求的任务时，这些“开心药”会让我们觉得身心愉悦。

多巴胺是大脑产生的最主要的奖励性化学物质，其次是催产素。[11] 5-羟色胺（血清素）、内啡肽、去甲肾上腺素和大麻素也会起到让人愉悦的作用。这些化学物质所产生的愉悦感驱使我们做出某些行为，成功完成这些行为之后还会强化我们对该行为的记忆。

此外，神经化学物质是有针对性功能的。多巴胺擅长驱动我们参与各种与欲望（从性欲到求知欲）相关的活动。多巴胺给我们带来的感受是兴奋、热情，以及某个场景下对寻求意义的渴望。当手机响起，你会很好奇，想去看看是谁打来的，那便是多巴胺在发挥作用。渴望破解黑洞理论，渴望攀登珠穆朗玛峰，渴望挑战极限，这些也都是多巴胺在发挥作用。

去甲肾上腺素与多巴胺有相似之处，但又有些不同。去甲肾上腺素这种物质称得上是大脑中的肾上腺素，它会产生巨大的能量，并显著提升警觉性，因此会让人处于过度亢奋和过度警觉的状态。当你沉迷于某个想法无法自拔，或沉醉于某项工作停不下来，或者不由自主地想起你刚刚遇到的那个人时，便是去甲肾上腺素在作祟。

催产素会让人感受到信任、爱和友谊。[12] 它是一种“亲社会”的神经化学物质，正是因为催产素的存在，才产生了爱情、长久的婚姻以及富有合作精神且健康运行的公司。催产素带给我们的感受是愉悦和爱意，它能帮助人们彼此信任，相互忠诚，相互理解，让人们更好地沟通和合作。

5-羟色胺是一种镇静舒缓性的化学物质，能够缓和人的情绪。[13]一顿美餐或性高潮都会带来这种满足感，而饭后或性交后犯困，部分原因也在于5-羟色胺。当人们出色地完成工作时，5-羟色胺似乎也能带来满足感和满意感。

内啡肽和大麻素是最后两种愉悦性化学物质，能够产生止痛的功效。它们都是强力减压剂，能释放一种令人放松的幸福感和愉悦感，将繁重的生活压力一扫而光。这两种物质会给我们带来一种“世间万物都很美好”的感受，跑步的人进入“跑者高潮”状态（跑得筋疲力尽时忽然恢复元气）时就会有这种感受。

然而，奖励机制背后的神经化学原理并不仅仅取决于某一种神经化学物质，因为我们常常是被多种神经化学物质共同影响的。多巴胺和催产素共同造就了玩游戏时的愉悦感，激情——从艺术创作到恋爱的各种激情——则是由去甲肾上腺素和多巴胺共同引起的。[14]

心流可能是由最复杂的神经化学混合机制引起的。这种状态似乎融合了上述六种愉悦性化学物质，而同时激活这六种化学物质的情况是很罕见的。它们的混合物的效力非常强大，这就解释了为什么心流总是被人们描述为“最令人享受的体验”，而心理学家则将其称为“内在动机的源代码”。

“探索 / 欲望”系统是第二个能够激发驱动力的重要系统。这是一种能够帮助动物获取生存资源的通用网络，有时也被称为奖励系统。“单纯来看，（探索系统）会引发孜孜不倦的、狂热的探索行为……以及意料之中的兴奋感和学习行为。”这七种情绪系统的发现者、神经系统科学家贾亚克·潘克塞普写道，“当探索系统被充分唤醒时，大脑会变得兴趣盎然，并驱动身体器官毫不费力地去探索它们需要的东西。”[15]“毫不费力”这个词是我加进去的。

我加上“毫不费力”是有原因的。如果我们能正确地调节这个系统，就会自然而然地得到想要的结果。以激情为例，如果我们对工作充满激情，就不会觉得自己是为了完成任务而工作的。由于多巴胺和去甲肾上腺素的作用，我们会自然而然地全身心投入工作。

我每天早上4点起床，然后开始写作。这需要毅力吗？偶尔需要。但最重要的是，因为我对写作充满好奇心并抱有激情和使命感，所以自然会有毅力。每天醒来的时候，我都特别想知道这一天会写出什么样的文字。即使晚上做噩梦醒来，我也会通过写作来排解。当我想要纵情驰骋的时候，写作就是我的跑道，是我的救赎。如果和那些解决过“不可能”难题的人交流，他们也会告诉你类似的故事。

想想已故著名滑雪及跳伞运动员沙恩·麦康基吧。[16]他与每一位载入史册的运动员一样，突破了人类可能性的极限，而且不仅打破了不可能，还一次又一次地打破了不可能。如果你问他是如何做到这一点的，他会反复强调内在驱动力的重要性：“我在做我喜欢做的事。如果你一直做你想做的事，你就是快乐的。你不会每天上班的时候都希望自己要是做别的工作就好了。我每天起床后都会元气满满地去上班，这种感觉可真不赖。”

神经化学物质所带来的驱动力帮助沙恩·麦康基打破了不可能，同样也能帮助我们每一个人。这是我们的基本生物机制在起作用，它能够融合多种神经化学物质，激发我们最关键的情绪能量，使我们迸发出最强的动力。

驱动力的秘诀

在接下来的两章，我们将会学习“叠加”，也就是培养、匹配、提升和运用五种最强大的内在驱动力，即好奇心、激情、使命感（第 2 章）和自主性、掌控感（第 3 章）。我们会关注如何将这五种内在驱动力结合起来，不仅因为它们是人类最强大的驱动力，也因为神经生物学机制决定了这五种驱动因素需要共同发挥作用。

好奇心是我们首先要了解的，因为这是生物学设计的起点。[17] 好奇心指的是你对某件事的基本兴趣，从神经化学的角度来说，好奇心是由去甲肾上腺素和多巴胺共同引起的。好奇心本身是一种强大的驱动力，它同时也是激情的基本构成要素之一，而激情则是一种更强的驱动力。因此，我们接下来将学习如何运用去甲肾上腺素和多巴胺这两种神经化学“燃料”，让胸中的好奇之火越烧越旺，变成激情的熊熊烈火。

接下来我们将会探究意义感和使命感，这需要我们将个人的激情与超越自我的伟大事业联系起来。一旦建立了这种联系，催产素就会变成第三种驱动力，进而大幅提升人在专注力、生产力和复原力等核心能力上的表现，同时让我们内心的火焰燃烧得更旺。[18]

最后，当你有了使命感时，就需要将剩下的两个内在驱动因素——自主性和掌控感——融入前三种驱动力中。具体而言，一旦有了使命感，整个驱动系统就会对自主性产生需求，因为自由追求使命必然需要自主性。然后，驱动系统会对掌控感产生需求，因为要追求使命，就必须不断地提升所需要的技能，掌控感本质上便是对提升技能的渴望。

如你所见，这是一个必须严格按顺序将所有驱动因素不断“叠加”的过程。如果操作得当，你将会迎来令人振奋且充满乐趣、可能性和意义感的生活。这种能量的叠加可以解释为什么打破不可能实际上比你想象的要容易：如果内在驱动因素能够被合理地“叠加”，我们的生理机能就能为我们所用，而不是与我们作对。简而言之，尝试打破不可能这种行为本身，就能帮助我们真正把不可能变成现实。

第 2 章

激情的培养秘诀

在这一章，我们将开始积累内在驱动力，学习如何培养好奇心，并通过不断增强好奇心，使之转化为激情，最终转化为使命感。这个过程并不能一蹴而就。有些步骤可能需要几周才能完成，有些甚至可能耗时数月。摆正心态慢慢来。试想，花两年时间把激情当作最终目标来追求，结果发现它只是一个阶段性的过程，这肯定也不是你想要的。你应该稳扎稳打，学会以正确的方式调节内在驱动因素，因为如果两年后你才发现自己的调节方式有误，不得不从头再来，可想而知你将会多么沮丧。要想呈现巅峰表现，有时你必须放慢速度才能进步得更快。

开列清单

如何开始积累内在驱动力呢？最简单的方法是列一个清单。

如果可以的话，把这个清单写在笔记本上而不是电脑上。手写和记忆之间存在着很强的联系，这就意味着，学习的时候，用纸和笔来做记录，效果远远胜过用笔记本电脑来做记录。[1]

首先，写下 25 件你最好奇的事情。好奇的程度大概相当于，如果周末有空，你会有兴趣读几本关于这个话题的书，参加几场讲座，也许还会和专家交流一两次。

列清单时要尽可能具体。不要只写对足球、朋克摇滚或美食感兴趣，这些类别太过宽泛，形同虚设。你应该写对左内边锋拦截传球的技巧感到好奇，对政治朋克音乐从克拉斯乐队（Crass）到沉溺乐队（Rise Against）的演变历程感兴趣，对草蜢在未来十年是否有可能成为人类主要食物来源感兴趣。这种细节可以为你的大脑提供素材，以供大脑的模式识别系统在这些素材与思想之间建立联系。信息越详细越好。

寻找交集

列好清单后，仔细观察这 25 件你感兴趣的事情之间有哪些交集。在上文的例子中，假设"草蜢是否会成为食物来源"和"左内边锋的拦截技巧"都在你的清单上，那么可以这样建立起两者的关联：如果你对传球拦截技巧很感兴趣，那你很可能也会对踢左内边锋所需的营养条件感兴趣，而昆虫的蛋白质含量非常高，那么它们会成为足球运动员的最佳食品吗？

重点是，好奇心本身并不足以产生真正的激情，因为它产生的神经化学物质不足以激活你的动机。你要寻找的是好奇心清单上三四项内容的交集。如果你能发现多项内容之间的交集，就意味着你走上正轨了。这才能激发真正的能量。

多种好奇心的交集不仅能提升好奇心强度，还能为模式识别或联想创造必要条件。[2]模式识别是大脑最基本的功能，也是大多数神经元的基本工作。作为结果，每当我们识别出一种模式，大脑都会奖励我们少量的多巴胺。

和所有神经化学物质一样，多巴胺在大脑中扮演着很多不同的角色。我们在前文中提到过一些多巴胺的作用。在此，我们将进一步展开，重点阐述多巴胺的另外四种作用。

首先，多巴胺能够极大提升注意力集中度。当多巴胺对我们的功能系统产生作用时，注意力就会像激光束一样集中在手头的任务上。我们会感到兴奋、投入，更有可能进入心流状态。

其次，多巴胺能够调节大脑的信噪比，这意味着这种神经化学物质能够提升信号强度，减少噪音，从而帮助我们识别更多模式。这是一个反馈循环的过程。当我们发现两个想法之间的联系（模式）时，就会分泌多巴胺，而这些多巴胺又会帮助我们发现更多联系（模式识别）。如果你曾经玩过填字游戏或数独游戏就会知道，每填对一个答案，你就会获得一种小小的快感，这就是多巴胺带来的感觉。为什么我们在填写每一行时，往往都要尝试多个答案？这是因为多巴胺在调整信噪比，帮助我们识别更多模式。这就是创意会螺旋式上升，一个好点子往往会带来下一个好点子的原因。

第三，多巴胺是前文中提到的奖励性化学物质之一，它是一种由大脑产生的让人感觉良好的药物，能够让人产生驱动力。[3]多巴胺会让人产生快感。人们普遍认为可卡因是世界上最容易令人上瘾的药物，然而可卡因起到的作用只是促使大脑释放大量多巴胺，然后抑制多巴胺的吸收。[4]这种化学物质产生的快感是激情的关键。多巴胺分泌得越多，你就会觉得越有趣，越上瘾；越觉得有趣、上瘾，就越迫不及待地想再来一次。

最后，就像所有的神经化学物质一样，多巴胺会强化记忆。[5]这也是自然而然发生的。关于大脑的学习机制，可以用一个简单的说法来概括：在一段体验中产生的神经化学物质越多，这段体验就越有可能从短期记忆转变为长期记忆。增强记忆是神经化学物质的另一个关键作用——它们会给体验打上“重要，保存留待后用”的标签。

将动机叠加起来，也就是将好奇心一层层叠加起来，就可以游刃有余地提升驱动力。当我们面临重压时，内在的生物机制会为我们分担压力。你会更努力地工作，但不会意识到自己在工作。此外，由于多巴胺提供了一系列额外的认知益处——更强的注意力、学习力以及更快的模式识别能力，你的工作也会更高效。这就是挑战不可能比你想象的要容易的另外两个原因。

在交集处下功夫

既然你已经确定了好奇心的交集，就在这些交集上下点儿功夫吧。每天花 20~30 分钟来听播客、看视频、阅读文章和书籍，或者去做任何与交集相关的事情。如果你对医疗保健行业的供应链管理感兴趣，并且对人工智能也感到好奇，那么就可以对人工智能应用于医疗保健行业供应链管理的优缺点进行探讨。

或者，回到我们之前的例子，如果“昆虫作为蛋白质来源”和“左内边锋的拦截技巧”是你的出发点，那么就可以研究一下两者的交集了：要在身体接触型运动中有优异的表现，需要什么样的营养呢？昆虫能满足这些需求吗？

我们的目标是每次都给予那些好奇心一点点满足，并且每天都满足一点点。这种缓慢增长的策略利用了大脑固有的学习机制。[6] 当你的知识水平每次都提升一点点时，就符合潜意识对信息的自适应处理特点。在创造力研究领域，这个过程被称为“孕育”。[7] 这个过程实际上就是模式识别。大脑会自动在已经学习过的旧信息和正在学习的新信息之间寻找联系。随着时间的推移，大脑会识别更多的模式，分泌更多的多巴胺，产生更多的动机，最终让你获得专业知识。[8]

专业知识会减少工作量。

当我们在感兴趣的信息上下功夫时，并不是在强迫大脑做出新的发现。没有压力是件好事，因为太多的压力会降低我们的学习能力。[9] 相反，我们正在观察大脑在“孕育”过程中自然形成的关联，然后激活生理机能，为我们完成艰苦的工作。我们正在让模式识别系统在好奇心之间找到关联，进而产生更多的好奇心——这就是培养激情的方式。

为了有更多机会建立这种关联，需要注意两组细节：一是该话题的历史研究，二是用来描述该学科的专业术语。

历史是一段叙事。每一个话题都是一次好奇之旅。有人提出问题，有人回答了这个问题，又引出另一个问题。这个过程不断循环往复。幸运的是，我们的大脑喜欢叙事——这只不过是一种随着时间推移不断深入的模式识别。[10] 如果你在学习一门新学科时注意历史细节，你的大脑就会基于关联因果的生理需求，自发地将这些细节联系到一起，形成一个连贯的故事。[11] 整个过程是自然而然发生的。在此过程中，每当你识别出历史模式时，就会分泌一些多巴胺，这会进一步增强你的好奇心，并强化你的动机。

一旦大脑构建了这种叙事，整个过程就会变得像装饰一棵巨大的圣诞树一样。在探索过程中，你学到的所有小细节都会成为装饰品。有了这棵大树——一个总体结构——这些装饰品就更容易挂起来，所以你不需要费很大力气去记住它们。这个历史叙事实际上变成了一座记忆宫殿，你只需在获得新信息时将它放到正确的位置即可。如果我们构建了这种叙事，就能提升学习效率，减少学习时间。

第二个需要关注之处是关于该话题的专业术语。为什么呢？因为术语虽然很烦琐，但却很精确。通常，一个话题的丰富内涵会浓缩在这个话题相关的术语中。最明显的例子就是“人类”（human）和“智人”（Homo sapiens）。这两个术语指向同一个方向，但源自拉丁语的“智人”不仅包含了字面意思（即一个人），还包含了“人”的进化内涵（即人的属和种），还带有一点主观性评论（显然，有人曾经认为我们是“聪明的猿类”）。因此，理解一个话题的术语，可以让你看懂其思想内核及相关的支撑点。“智人”不仅是对一个物种的命名，还暗示了这个物种是从猿类进化而来的，且比猿类更聪明，或者至少自认为比猿类更聪明。

对于探索而言，最重要的是这一过程导向的结果。了解某一话题的历史以及该话题相关的专业术语，有助于更好地与他人就这些思想进行交流，而这些交流对下一步至关重要。

与外界互动

培养真正的激情不是一夜之间就能完成的，仅仅在好奇心的交集处下功夫是不够的。这些交集的确会产生一些情绪能量（当然，这些能量背后的神经化学作用有助于将好奇心转化为激情），但要真正点燃激情之火，并且确保自己不偏离正轨，还需要通过一系列“世俗的成功”来增强激情。

世俗的成功无非是来自他人的积极反馈。任何一种积极的社会反馈都会强化令人感到愉悦的神经化学反应，从而增强动机。[12] 他人的积极关注会使大脑分泌更多的多巴胺，甚至比我们从激情中获得的更多。他人的积极关注还会使人分泌更多的催产素，与多巴胺共同构成对“社交互动”的奖励，进而创造信任和爱的感觉，而这两种感觉对我们的生存至关重要。[13] 这种令人产生快感的奖励会形成自我反馈，进一步提升我们的好奇心。这种神经生物学反馈回路为获得真正的激情奠定了基础。

因此，到了这个阶段，我们该做的就是去进行一些社交活动。但在学会跑之前要先学会走。与外界交流并不需要做 TED 式演讲，只需要与陌生人简单交谈即可。走进附近的酒吧，试着与坐在你旁边的人交谈，聊聊你自己正在研究的东西。

然后再重复这个过程。和不同的陌生人聊天，把你的想法告诉几个朋友，或者参加相关主题的聚会。加入一个在线社区或一个读书俱乐部。如果没有这样的社区或俱乐部，就自己建立一个。

最后，按顺序执行这些步骤很重要。在与外界交流之前，你需要花点时间在不同好奇心的交集处寻找答案。当你开始研究这些交集时会感到很兴奋，更重要的是让自己保持兴奋。你会想带着自己的想法和想说的话与其他人交流。对某一话题涉猎不多时，并没有什么成就感或者能培养激情的东西，而无知常常会让人感觉很糟糕。但是如果你能够在交谈中有些其他的收获——表达一些你自己的想法，并且获得他人的认可——就可以更快地摆脱“菜鸟”身份。

将激情转化为使命感

激情是一种强大的驱动力。然而，尽管激情有颇多益处，却可以说是一种利己主义状态。全身心投入意味着所有的注意力都集中于个人感受，不太会去关注其他人。如果你要解决不可能的问题，迟早会需要一些外部援助。因此，在这个节点上，需要把激情之火转化为燃料，去点燃“使命感”这枚火箭。

最先发现这种燃料的是罗切斯特大学心理学家爱德华·德西和理查德·瑞安。[14]在下一章里，我们将更深入地了解这两位心理学家及其研究成果。现在，请注意，在20世纪80年代中期，这两位学者提出了“自我决定理论”，并由此引出了“归属”（relatedness）的概念。自此以后，自我决定理论成为动机科学的主导理论，而归属概念始终是核心组成部分。

最初的思考很简单：作为一种社会性生物，人类天生对联系和关心有需求。我们想要和别人产生联系，我们想要关心别人。从基本的生物学角度来看，我们需要与他人产生联系才能生存并繁衍生息。因此，神经化学反应会促使我们去满足这种需求。

近年来，研究人员进一步将“归属”（即关心和联系的需求）拓展为“使命感”（purpose）这一概念，即通过某些行为来影响他人的欲望。对在激情中积累的所有激励性能量给予一定的额外刺激，它们就会转化为使命感。

从神经生物学的角度来看，使命感对大脑产生了影响。[15]使命感会降低杏仁核的活跃度，减少内侧颞叶皮层的厚度，并增加右侧岛叶皮层的厚度。如果杏仁核的活跃程度降低，那么压力就会减小，复原力则会增强。内侧颞叶皮层与感知的方方面面有关，这表明使命感改变了大脑过滤输入信息的方式，而更厚的右侧岛叶皮层已被证明有助于防止抑郁，并且可以通过刺激这一区域来提升幸福感。

所有这些变化似乎对我们的长期健康有着深远的影响，因为拥有“人生使命”（专业术语）已被证明可以降低中风、痴呆和心血管疾病的发病率。[16]从表现效率的角度来看，使命感可以提高积极性、生产力、复原力和专注力。[17]

此外，使命感还是一种特殊的专注。

使命感会将我们的注意力从自己（内在专注）转移到其他人或我们手头的任务（外在专注）上。在此过程中，使命感可以对抗强迫性的自我反思，而后者正是焦虑和抑郁的根源之一。[18]使命感就像一个力场，强迫你去关注外部，从而保护你不受自己情绪的伤害，同时避免被不相干的激情吞噬。更准确地说，使命感似乎降低了默认模式网络（即负责胡思乱想的大脑网络）的活跃度，提升了注意执行网络（即控制外在关注的大脑网络）的活跃度。

最后，使命感还有一个更大的好处：可以带来外部援助。使命感就像战斗口号，可以鼓舞他人，吸引他人加入你的事业。[19]这对驱动力会产生明显的影响。社会支持能让人分泌更多的神经化学物质，从而对内在动机产生更大的促进作用。更重要的是，其他人会提供实际的援助，比如经济援助、体力援助、智力援助、创造力援助、情感援助，这些都很重要。简单地说，在通往不可能的道路上，任何能得到的帮助对我们都是有益的。

将使命感付诸实践

现在来说说实际问题：在确定人生使命时，要志存高远。因为这将成为你人生的首要使命任务，也就是你的“I类不可能”。

在《创业无畏》这本书中，彼得·戴曼迪斯和我提出了“宏大变革目标”（massively transformative purpose，简称MTP）的概念。[20]“宏大”意味着规模巨大和大胆，“变革”意味着能够给一个行业、社区或这个世界带来重大变化。至于使命感，则是明确为什么要去做这些事情。宏大变革目标正是你要去追求的那种远大梦想。

为了找到宏大变革目标，第一步，你需要再拿出一张纸，用笔写下15个你想要解决的宏大问题，也就是那些让你夜不能寐的问题，比如饥荒问题、贫穷问题，或者我个人最喜欢的保护生物多样性问题。同样，这些问题应该尽量具体一些，不要只是简单地写成“保护生物多样性”，还应该进一步描述细节：“建立保护生物多样性的超级景观带。”

第二步，在最能激起你激情的事物中，找到与这些全球性重大挑战的一个或多个交集，在这些交集中，个人的积极性可能有助于提出其中某些问题的解决方案。激情和使命感之间的交集，正是你要去追求的。如果你能瞄准这个目标，就找到了利用燃烧的激情为这个世界做一些真正善事的方式。这就是合理的宏大变革目标。

对于企业来说，宏大变革目标既是成功的关键驱动力，也是安身立命的重要基础。别想着在第二步偷懒。如果你真的想培养激情和目标，总得为之付出代价。

但不要指望很快就能找到宏大变革目标，也不要指望在此之前找到权宜之计。我在写作生涯的第一个十年里，主业是一名酒保，这让我有时间精进写作技能，且不用担心当不成作家没饭吃。这对我的成功至关重要。这也是为什么蒂姆·费里斯告诉创业者，第一次创业时应该只把这次创业当成业余爱好——只在晚上和周末干创业相关的工作。[21] 把好奇心转化为激情，把激情转化为使命感，最后把使命感转化为对收益的耐心——这是最稳妥的成功之路。

但如何确保你能长期坚持下去，最终达到使命？这是我们下一步要做的。

第3章

充分叠加内在驱动力

好奇心、激情和使命感就像将你送往不可能的发射台。它们帮助你把棋子摆上棋盘，游戏由此开始。但这是一场漫长的游戏，如果你志在通关，仅靠这三个初始驱动因素的推动力远远不够。

为了通关，我们需要在上一章提到的驱动力（即好奇心、激情和使命感）的基础上，融入自主性和掌控感。自主性和掌控感都是非常强大的驱动力，而且其生物学机制决定了两者必须与前三种已经叠加好的驱动因素共同发挥作用。

自主性是对自由追求激情和使命的渴望，是对驾驭生命之舟的需求。掌控感则更进一步，它可以驱使你成为专家，也会鞭策你去掌握释放激情、完成使命所需要的技能。换句话说，如果自主性是对驾驭生命之舟的渴望，那么掌控感就是游刃有余地驾驭生命之舟的动力。

这就需要我们回顾爱德华·德西和理查德·瑞安的研究成果。

我们对自主性的需求

1977年，罗切斯特大学年轻的心理学家爱德华·德西和理查德·瑞安在校园里相遇了。[1]德西当时刚刚成为一名临床医生，而瑞安还是一名研究生。他们都对动机科学感兴趣，因此相谈甚欢。这场谈话促成了两人长达50年的合作，他们的研究颠覆了动机科学的大部分基本理念。

在爱德华·德西和理查德·瑞安率先提出自我决定理论（self-determination theory）之前，动机被心理学家定义为"行动所需要的能量"。对动机的评估只有两个维度——一个人要么有足够的工作动机，要么没有。

同时，心理学家也认为，这种动机能量只有单一属性。你可以测量动机的数量（即一个人能感受到的动机的数量），但不能测量一个人感受到的动机的质量或类型。

然而，研究过程中一些隐隐约约的迹象让德西和瑞安相信，动机是有不同类型的，不同类型的动机会产生不同的结果。因此，两人在竞争中先后验证了自己的想法。在一系列实验中，他们将诸如激情之类的内在驱动力与诸如声望之类的外在驱动力进行对比研究，并计算结果。他们很快发现，无论在什么情况下，只要基本需求得到满足，内在动机（一个与"驱动力"意思相近的术语）比外在动机有效得多。

但他们也发现，在"受控动机"（controlled motivation，一种外在动机）和"自主动机"（autonomous motivation，一种内在动机）之间存在更为关键的区别。[2] 如果你是被引诱、胁迫或出于其他原因被迫去做某件事，就属于受控动机。自主动机恰恰相反，它意味着你在遵循自己的选择去做事。德西和瑞安发现，任何情况下，自主动机都强于受控动机。

自主性永远是更强大的驱动力。

事实上，在很多情况下，受控动机并不能产生预期的结果。当被迫做出反应时，人们通常会寻找捷径。德西经常举的一个例子是安然公司。[3] 这家能源公司认为，激励员工的最佳方式是给表现最好的员工发放股票期权——这是一个以诱惑为动机的例子。但人们很快发现，获得这些奖金的最佳方式是人为抬高股价，实施公司欺诈，这最终导致公司破产。安然的历史经常被当成贪婪和傲慢的反面案例，但其本质实际上是错误动机导致的错误行为。

根据德西和瑞安的研究，当我们做某件事是出于“兴趣和乐趣”，或者是因为“这件事符合我们的核心信念和价值观”，我们就正确地利用了自主性。换句话说，“搜寻系统”喜欢控制它所搜寻的资源类型。

这也是我们带着好奇心、激情和使命感开始探索的原因。这三者构成的驱动力组合开始发挥作用，好奇心和激情带来了兴趣和享受，使命感巩固了核心信念和价值观。换句话说，这本书之所以先介绍这个驱动力组合，是因为它们是最大限度提高自主性的基础。

德西和瑞安的另一个发现是，自主性会提升我们的效率。自主性所带来的神经化学反应在增强我们驱动力的同时，也强化了许多其他的能力。当我们驾驭自己的人生之舟时，会更加专注、高效、乐观，复原力更强，更有创造力，也更健康。但如果我们需要在驱动力组合中融入自主性以提升这些能力，那么就产生了另一个问题：我们需要融入多大程度的自主性？

20% 的时间

多大程度的自主性能使驱动力得到充分发挥一直是一个棘手的问题，但历史上已经有一系列的“生活实验”供我们参考。在这些实验中，公司把“自主权”作为一种福利给予员工，试图以此激励员工，谷歌就是最著名的例子。[4]

自 2004 年以来，谷歌一直在实施一项“20% 时间”的制度，以自主性作为对员工的激励。谷歌的工程师可以把 20% 的工作时间投入自己创建的项目，这些项目都是员工自己最有激情、最想做的事情。这个实验产生了令人难以置信的效果。谷歌创收最高的产品中，有多一半是在这 20% 的时间里被开发出来的，包括互联网广告服务（AdSense）、谷歌邮箱（Gmail）、谷歌地图（Google Maps）、谷歌新闻（Google News）、谷歌卫星地图（Google Earth）和谷歌邮箱实验室（Gmail Labs）。

但这个做法并不是谷歌发明的，实际上是从 3M 公司借鉴而来的。3M 公司的“15% 法则”可以追溯到 1948 年。[5] 在 3M 公司，工程师们可以拿出 15% 的工作时间，投入他们自己设计的项目。对于一家研究预算超过10亿美元的公司来说，给员工15%的时间自由发挥，相当于每年在“自主性”上投入1.5亿美元。和谷歌一样，15%法则给3M公司带来的产品回报已经超过了赌注本身。便利贴正是于1974年在这15%的时间内设计出来的。多年来，该产品每年创造的收入超过10亿美元，每年给公司带来5000万美元的利润，因此，3M公司在“自主性”上的投入是一笔非常划算的买卖。

正是出于同样的原因，如今脸书、领英、苹果等数十家公司都建立了自己的自主性项目。[6]当然，更重要的是我们能从这些例子中学到什么。谷歌把20%的时间投入自主性这种驱动力，意味着每个员工每周有8小时去追求他们真正热爱的事情。而3M只需要投入15%的时间就能取得惊人的成果，也就是每周大约一个下午的时间。换句话说，如果你已经找到了令你充满激情的梦想，现在正试图挤出一点时间来追求这个梦想，就可以参考这些生活实验——每周花4~5个小时来追求你的新目标，就可以得到你想要的结果。事实上，下一章的内容会告诉你，如果以一种非常特殊的方式来安排这些时间，那么建立自主性所需的时间可能会少得出乎意料。

巴塔哥尼亚的四大优势

户外用品零售商巴塔哥尼亚经常出现在美国最佳工作地点

榜单上。[7] 如果你深入细节，就会发现员工自主性是最常见的衡量指标之一。[8] 但巴塔哥尼亚并没有给他们的员工很多自主权，而是给了员工非常特殊的自主权。

巴塔哥尼亚允许员工自己制订时间表。他们仍然需要全职工作，但可以决定几点开始工作。此外，由于很多公司员工都是户外运动员，而公司总部又坐落在太平洋上，只要天气好，员工就可以随心所欲地在工作时间冲浪——哪怕截止日期快到了，哪怕正在开会。这是巴塔哥尼亚创始人伊冯·乔伊纳德提出的著名的公司政策："让我的员工去冲浪。"

对于员工需要多大程度的自主性才能充分发挥工作潜力，巴塔哥尼亚的这两项制度揭示了一些关键信息。如果这两项制度在巴塔哥尼亚有效，那么答案就是只需要投入一点点自主性——前提是这一点点自主性能够落实到位。让我们来看看这两项制度的核心：自主制订时间表和冲浪。

自主制订时间表这项制度之所以会产生不错的效果，主要有两个原因。首先是睡眠。自主控制日程可以让你有机会睡个好觉。研究表明，我们每晚都需要 7~8 小时的睡眠。[9] 我们将在下文中更详细地探讨这个问题。要知道，缺乏足够的睡眠会让人在各个方面表现欠佳，动机、记忆力、学习力、注意力、反应速度和情绪控制都会受到影响。睡眠不足会带来大量日常难以克服的危害。[10]

除了可以保障晚间休息质量，自主制订时间表也能让你按照自己的生物钟工作。"早鸟"（习惯早起的人）喜欢在凌晨 4 点开始工作，“夜猫子”则喜欢在下午4点开始一天的工作。但是如果我们偏离了先天的生理机制，就会受到惩罚，即注意力和警觉性降低。因此，自主安排时间可以让人们获得最有效的睡眠，也可以让人们在最清醒的时候工作，使效率最大化。

巴塔哥尼亚的另一项制度——可以在工作时间自由冲浪，则有另外两个好处。首先，可以让人重视健身；其次，可以强化心流。

我们分别来解释一下。

为了呈现巅峰表现，运动毫无疑问是必要的。[11]运动的诸多益处能写满一本教科书——有助于身体健康、精力充沛、调节情绪等——但最关键的是，运动可以调节神经系统。挑战任何不可能都会让你经历情绪上的波折。如果你不能定期调节你的神经系统，让自己镇静下来，你就会感到崩溃或筋疲力尽，或者两者兼有。运动不仅能降低我们身体系统中的应激激素水平，还会促进分泌内啡肽和大麻素等“情绪助推器”，[12]让我们更加冷静，这对于长期保持巅峰表现至关重要。

冲浪不仅能让人重视运动，而且，因为某些原因，这项运动很容易让运动者进入心流状态，我们将在本章接下来的部分讨论这一点。心流状态会使人产生更多的愉悦感，其力量就像涡轮增压，可以把原有的动力提升好几档，把内在动机放大到极致。

这就是我们的答案。为了激发自主性带来的驱动力，你需要自由地控制睡眠时间、工作时间和健身计划。你还需要自主决定你想参与的活动，并且定期去参与，以帮助自己进入心流状态。理想情况下，你在工作时间从事的活动都应该让你离使命更近一步，同时这些活动也可以让你进入心流状态，类似于上文提到的冲浪运动——这实际上可以让你在忙碌的工作中休息片刻。如果当天无法从事这样的活动，就参考 3M 的工作方式：把 15% 的时间投入你最有激情、最有使命感的项目。15% 的工作时间，也就是每周一个下午的时间。你也可以把它拆分成两个 2.5 小时的时段，也能达到相似的效果。

如何利用这些时间，让它们产生最好的效果，就要靠最后一个内在驱动力了。

我们对掌控感的需求

在发现自主性具有强大的力量后，德西和瑞安想知道自主性是否是我们最主要的内在驱动力，或者其他驱动因素是否同样重要。为了回答这个问题，他们对心理学档案进行了深入研究，并发现了哈佛大学心理学家戴维·麦克利兰在 1953 年发表的一篇当时鲜为人知的论文。

麦克利兰的这篇论文名为《成就动机》(The Achievement Motive)，后来成为该领域被引用最多的论文之一。[13] 在这篇文章中，麦克利兰指出了另外一个与自主性同样强大，甚至可能更强大的内在动机。起初，德西和瑞安采用了麦克利兰的说法“胜任”来形容这一驱动力，也就是今天我们所了解的“掌控感”。

掌控感是一种让自己不断精进的欲望，它让我们渴望磨炼自己的技能，取得更大的进步，持续不断地改进。人类最喜欢一点一点不断地取得微小的胜利。从神经化学的角度来讲，这些胜利会使人分泌多巴胺。过去，科学家们认为多巴胺只是一种奖励性物质，这意味着当我们完成一个目标时，大脑会分泌这种神经化学物质让我们记住达成目标的感觉。现在我们知道，多巴胺实际上是大脑用来鼓励我们做出某些行为的方式——这意味着当我们做出一些冒险行为时，多巴胺不会在事后分泌，而是在事前分泌，因为多巴胺的作用不是“奖励”我们做出了冒险行为，而是“鼓励”我们去冒险。换句话说，多巴胺为探索和创新提供了生理基础。[14]

当我们朝着一个重要的目标努力拼搏时，当我们追求精进时，多巴胺水平会飙升。但要取得真正的胜利，需要让多巴胺日复一日地保持这种状态。这种持续的多巴胺飙升给人带来的感觉可以形容为一股冲劲，许多顶尖高手都非常享受这种感觉。作家丹尼尔·平克在《驱动力》(*Drive*)一书中解释道：“到目前为止，最强大的单一驱动力就是在有意义的工作中取得进步。”[15]

当然，反面效应也确实存在：如果不能取得进步，就会付出高昂的代价。科学家发现，如果一个人陷入停滞不前的状态，就会像被困在泥里的车一样，车轮不停地转动，却毫无进展，这会对积极性造成极大的打击。如果冲劲是顶尖高手最享受的感觉，那么缺乏冲劲就是他们最难以忍受的感觉。

但是，如果我们不先搞清楚心流的原理，就不太可能讲清楚掌控感和冲劲，以及为什么掌控感可能是我们“最强大的单一驱动力”。为了更好地理解它们之间的关系，我们先来了解一下心理学家米哈里·契克森米哈赖的研究成果，以及对心流的研究历史。

心流触发器

米哈里·契克森米哈赖被公认为“心流理论之父”。[16] 1970年到1990年间，契克森米哈赖在芝加哥大学历任心理学教授及系主任，他对心流和巅峰表现进行了全球范围的研究。正是通过这项研究，他确定了心流是一种全世界都普遍存在的现象。任何人在任何地方，只要满足某些初始条件，都可以达到这种状态。

最初，契克森米哈赖将这些条件称为“心流的近端条件”，但后来这个定义被调整为“心流触发器”，或是引发更多心流体验的先决条件。[17] 到目前为止，研究人员已经确定了22种不同的心流触发器（可能还有更多），它们都有一个共同点——总是在专注时出现。只有全部注意力都集中在当下，才能进入心流状态。这正是所有触发器的作用：把注意力转化为心流。

从神经生物学的角度看，这些触发器会通过以下方式来驱动注意力转化为心流：[18] 第一种方式是推动多巴胺或者去甲肾上腺素进入我们的身体系统，它们是大脑用来集中注意力的最主要的两种化学物质；第二种方式是降低认知负荷，也就是我们在某一时间点的所思所想造成的心理负担。通过降低认知负荷，我们可以释放能量，大脑就可以再次使用这些能量，让我们将注意力集中在手头的任务上。

此时我们不得不再次提到好奇心、激情、使命感、自主性和掌控感，这五个最强大的内在驱动力作为心流触发器会起到双重作用。一方面，这五种驱动力会共同促使多巴胺进入身体系统，同时部分驱动力也可以促使去甲肾上腺素进入神经系统；另一方面，这五种驱动力在恰当的排列组合下可以降低认知负荷。

从进化的角度来看，这些都不足为奇。驱动力是帮助我们获取资源的心理燃料。如果我们有计划地（好奇心、激情、使命感）、自由地（自主性）寻求这些资源，并且掌握了所需要的技能（掌控感），便很有可能获得这些资源。如果这些内在驱动因素没有被正确地组合起来，它们就会失调，进而变成一种持续的焦虑，这种心理负担正是因为我们没有做该做的事而造成的。[19]如果我们把这些驱动力正确地组合在一起，就能减轻心理负担。这种情况下，我们会有更多精力投入手头的任务，也会有更高的概率进入心流状态。

更令人欣慰的是，这一切几乎是自动发生的。当我们充满好奇心、激情和使命感时，认知负荷就会减轻，多巴胺和去甲肾上腺素就会流入我们的身体系统，自主性也同样遵循这个过程，但是掌控感却并非如此。好奇心、激情、使命感和自主性会自动改变我们的神经生物反应，从而强化驱动力，同时让我们更有可能进入心流状态——这是神经化学反应的结果；但掌控感却需要一些其他的人为推动。

作为一种心流触发器，掌控感被称为“挑战与技能的平衡”。[20]这个概念比较容易理解：心流状态总是在专注中出现，当某项任务的挑战难度略超过我们的技能水平时，我们会尽可能地把注意力集中在手头的任务上。我们可以循序渐进，但不能一步登天。

当我们最大限度地发挥自己的才能时，就走上了通往掌控感的道路——大脑会注意到这一点。大脑会分泌多巴胺来奖励这种努力，而且因为多巴胺会进一步提升注意力，所以会增加我们进入心流状态的概率，进而形成持续的循环。

举个例子可能会更好理解。

我喜欢滑雪，从5岁就开始了这项运动，而且从未中断过。由于每次登上雪山时，我都在做出与我的激情和使命感相一致的选择（自主性），所以只是在雪原上驰骋就能降低我的认知负荷，并产生少量多巴胺和去甲肾上腺素。

如果我在外出滑雪时想要去探索山上从未滑过的区域，就会把好奇心排在其他激励因素之前，并且在激发驱动力的方程式中融入一点神经化学反应。虽然我可能还没有进入心流状态，但我已经把足够的注意力集中在手头的任务（滑雪）上了，这可以让我朝着正确的方向努力。为了超越自身的极限，我需要做的是让自己处于挑战与能力的最佳平衡点上。或许，我可以去地形公园练习一个新的技巧，也可以找到上次那条足足转了5个弯才滑下来的又陡又窄的斜道，今天试着转4个弯就滑下来。这两种方式都可以让我面对更大的挑战，大脑会分泌更多的多巴胺来奖励这种冒险行为。顷刻间，我的体内就会有足够的神经化学物质促使我进入心流状态。

这还没有结束。这种状态本身会激活大量的神经化学反应，从而产生愉悦感。因此，我会越来越热爱滑雪，等到下一次再上山时，我就会有更强的冲动想要重复这些动作并尝试提高我的技能——不需要额外做什么努力就会产生这种冲动。如果我这样重复几次，过去需要耗费大量精力和努力才能做到的事情就会轻而易举地做到。寻找挑战和能力的最佳平衡点已经成为一种习惯。现在，我可以自然而然地走上通往掌控感的道路——这也是唯一一条能把我引向实现不可能的道路。

最后，我想给你一些非常实用的建议来做到这一切。要想真正利用好“掌控感”这种驱动力，你可以用生活中 15% 的时间——可以把它称为“自主时间”——寻找挑战和技能的平衡点，去试着做那些与你的好奇心、激情和使命感相一致的事情，力求做到更好。逐渐提升自己，让自己保持在更高的水平上。让自己沉浸在多巴胺带来的快感中，然后不断重复。试着今天变得更好一点，试着明天变得再好一点。

然后重复。

然后重复。

在这件事上真的别无选择。

前文中我说过，这五种内在驱动因素在生物学上是相关的，意思是它们需要按照顺序进行排列，共同产生作用，这是由生物学机制决定的。这也是为什么当这些驱动力按照正确顺序排列时，就能产生心流。巅峰表现是我们与生俱来的能力，它的驱动系统就是这样运作的，如果试图与这个系统对抗，会导致严重的后果。脱离有意义的价值观或有意义的工作，是导致焦虑和抑郁的主要原因。脱离了有意义的价值观，你的生活就会缺乏好奇心、激情和使命感；脱离有意义的工作意味着被迫（缺乏自主性）做一些无聊或无法提升核心技能（缺乏掌控感）的工作。[21] 这也是让生理机能为我们所用而不是与我们作对如此重要的另一个原因——不这样做就会遭到严酷的心理惩罚。

如果我们能把这五种主要的内在动机按照正确的顺序排列，就可以强化动机，增强心流，这意味着在通往不可能的漫长道路上，我们能走得更快、更远。然而，由于我们的生活节奏越来越快，所以知道自己想要去哪里就变得越来越重要，因此，我们需要先把注意力转向目标这个话题。

第 4 章

目　标

初学目标设置

如果说内在驱动力创造了推动我们前进所需的心理能量，那么目标则能准确地告诉我们前进的方向。之前我们已经确定了宏大变革目标，或者说是我们生活的使命，在这里，我们需要把这个使命分解成更小的组成部分，把不可能的事情分解成一系列困难但可执行的目标。一旦完成这些目标，就会让不可能的事情成为可能。

这并不是什么新鲜事。两千多年前，哲学家亚里士多德就注意到，设定目标——一个理想的结果或指标——是人类行为的基础动机之一。[1] 他把目标称为世界变化的四大基本“诱因”或驱动因素之一。这是一个开创性的发现，但我们花了很长时间才理解。

设定目标的要点在于复杂性。目标设置这个概念看起来很简单，但具体的细节却很麻烦。研究表明，并不是每个目标都具有相同的特征，而且并不是每个目标都适用于所有的场景，最重要的是，在错误的场景下确定错误的目标，会严重影响人们的表现，并降低生产力和积极性。

我们先来探讨其背后的科学原理。

20 世纪 60 年代末，多伦多大学的心理学家加里·莱瑟姆和马里兰大学的心理学家埃德温·洛克在亚里士多德观点的基础上进一步提出了一个观点：确立目标是强化动机和提高表现的最简单的方法之一。这一观点如今已被视作真理，加里·莱瑟姆和埃德温·洛克则被称为“目标设置理论之父”。[2]

不过，在当时，这是一个惊人的发现。

莱瑟姆和洛克以组织机构为切入点开始研究这个话题——他们对公司该如何激励员工努力工作感兴趣。20 世纪 60 年代之前，人们普遍认为，有幸福感的工人生产效率更高。[3] 因此，通过建立绩效指标（即目标）给员工施加更多压力被认为是不利于企业运营的。但莱瑟姆和洛克做了一些其他理论家没有做的事情：实验。实验得出的数据并不支持“施加更大的压力会降低工作效率”这一观点。

莱瑟姆和洛克最初的实验对象是伐木工人，他们把伐木工人当成一组非常独立的研究对象。[4] 伐木工人被分成几组，其中一些小组被告知，工作要巧干，快速完成，但不要有压力，只要尽最大努力就好；其他人则被分配了一些指标，比如一周内砍多少木头是合格的表现，砍多少木头是优秀的表现。需要注意的是，实现这些目标并不会得到任何金钱上的奖励，只是单纯地设定目标，仅此而已。

然而，一次又一次的实验结果显示，被分配了指标的伐木工人最终完成的任务远远多于其他的伐木工人。不仅是伐木工人，在许多领域的众多研究中，莱瑟姆和洛克都发现，设定目标可以将业绩和生产力提高 11%~25%。这个提升幅度相当惊人。如果以每天工作 8 小时为基线，那么相当于无需向工人支付额外的薪酬，就可以让他们每天最多完成 2 小时的额外工作量，而这仅仅是因为围绕生产活动建立了一个心理框架，也就是设定了一个目标。

针对洛克和莱瑟姆提出的目标设置的概念，另一种思考方式是将其作为瑞安和德西的研究的一个组成部分来看待。正如瑞安后来所说的："人类的需求（比如自主性、掌控感和使命感）为行为提供了能量。人们重视目标，因为达成目标就可以满足他们的需求。"[5] 换句话说，对自主性的需求驱使人们自主创业，而目标则是实实在在地把公司开起来。

为了更好地理解目标的力量，我们还需要了解目标是如何影响大脑功能的。大脑是一个预测引擎，[6] 它总是试图预测接下来会发生什么，以及应对这种情况需要消耗多少能量。做出这些预测需要调用三个系统：信息获取、模式识别和目标导向。我们首先会接收信息，找到这些信息和以往经验之间的关系，然后用目标过滤这些结果，对下一步该采取什么行动做出决定。做出决定本身也是一种行动，而行动需要消耗能量，那么到底需要多少能量呢？这正是大脑一直试图预测的。

这些系统是协同工作的。当你给目标导向系统分配一个目标时，模式识别系统就会同时接收到一个相应的目的，而信息获取系统会同时确定从哪些对象那里获取信息。为什么对象如此重要？因为意识是极其有限的资源。

每秒钟都有上千万比特的信息涌入我们的感官。然而，人类的大脑一次只能处理大约7比特的信息，将一组信息与另一组信息区分开来最少需要1/18秒。[7]“基于这些数据，”契克森米哈赖在《心流》中解释道，“我们可以得出结论，大脑每秒最多可以处理126比特信息。”[8]

信息量并不算大。

要理解另一个人在说什么，大约需要处理40比特的信息量。如果三个人同时说话，我们的“处理器”就过载了，只能忽略其他输入信息。但我们忽略的不只是其他人的谈话，还忽略了世界上发生的绝大多数事情。系统总是超负荷运转，太多的事实被忽略了。

我们能接收到的大部分信息只是那些令人生畏的东西。进化塑造了生存导向的大脑，所以任何可能威胁生存的事物都会吸引我们的注意力。但对于生存而言，还有哪些东西非常重要呢？答案是我们的目标，以及任何有助于我们实现这些目标的事物。因为大脑是一个预测引擎，意识是一种有限的资源，而恐惧和目标是我们现实生活的基本组成部分。

这是基础的神经生物学机制，但德西和瑞安发现，这个过程是有规律的。[9]要想让目标最有效地塑造人们的认知，第一步是必不可少的：在利用目标满足需求之前，我们需要知道这些需求是什么，也就是我们的内在动机是什么。这就是本书从一开始就在探讨内在动机的原因。我们之前已经将激情和目的恰当地叠加在了自主性和掌控感之上，现在就可以通过设定目标将效果最大化了。

然而，正如莱瑟姆曾经告诉我的那样，并不是所有目标都是一样的。"我们发现，如果你想要最大限度地提升动机和生产力，那么设定难度较高的目标会带来最优的结果。大目标带来的成效明显优于小目标、中等目标和模糊目标。"[10]

大目标就是秘诀所在。但是，到底什么是大目标呢？

高且有难度的目标的重要性

"高且有难度的目标"（high, hard goals，简称 HHG）是一个专业术语，用于形容莱瑟姆和洛克所说的"大目标"。这与我们此前讨论过的宏大变革目标不同。宏大变革目标指的是类似于"找到终结世界饥荒的可持续方法"这样的目标，而高且有难度的目标则是通往宏大变革目标道路上的主要步骤，比如"获得营养学学位"或"创建一个非营利组织，推动昆虫蛋白质可食用化，以更加可持续的方式为世界提供食物"。

在通往不可能的道路上，需要同时有宏大变革目标和高且有难度的目标。我们先勾勒出前者。如果按照正确的步骤去寻找自己的激情，你可能会得到两三个核心的激情或目标组合。这就是一个宏大变革目标的雏形。接下来你需要做的就是把这些想法转化成核心的使命宣言。

举个例子可能会更容易理解。我在生活中有三个宏大变革目标：写出有深刻影响力的书，发展心流科学并推广心流训练，改善动物的生存环境。这就是我的目标。这三个目标是我人生的使命。

这也意味着这些目标是我的第一个过滤器。当我遇到新的发展机会时，如果它不能对这三项任务做出贡献，那么就说明这个机会并不适合我。这一点非常重要。因为去做这些事情只会把精力浪费在无谓的小事上，对于提升动机并不能起到多大作用。如果宏大变革目标能够得到恰当的利用，它就不仅是一个理想，还会起到一种过滤作用——帮我们过滤掉那些不重要的工作。

高且有难度的目标则是具体的步骤，帮助你一步步完成更大的目标。这一点也非常关键。高且有难度的目标可以同时提升注意力和毅力，而这两个因素对于持续保持巅峰表现至关重要。高且有难度的目标之所以重要，是因为它们正如广告上所写的，是“难以攀登的山峰”。实现目标的过程充满了实实在在的艰难困苦，这也是格外专注和有毅力很重要的另一个原因。

当然，这个过程并不会那么快。

洛克和莱瑟姆发现，为了让高且有难度的目标充分发挥其价值，需要调用某些“调节变量”——心理学家用来描述“如果……那么……”条件的词。这里最重要的调节变量是目标承诺。“你必须相信自己正在做的事情，”莱瑟姆解释说，“当个人的价值观和预期结果相一致时，大目标才能发挥最佳效果。当一切就绪时，我们就会全身心投入——这意味着我们会投入更多的注意力，会更有韧性，从而提高效率。”

这也是为什么本书的内容要从激情和使命感开始。当我们对目标的主旨（围绕它的想法）及其带来的最终结果（目标所服务的更大目的）充满激情时，难度较大的目标会将作用发挥到极致。如果你严格遵守本书所要求的顺序，在开始设置高且有难度的目标之前，就应该把自主性和掌控感融入你的驱动力组合中。这个顺序可以确保满足洛克和莱瑟姆提出的“如果……那么……”条件，即价值观、需求和梦想与我们设定的目标相一致，只有这样，我们的表现才能得到最大程度的提升。

还有一点也同样重要：坚守你的目标。

虽然莱瑟姆和洛克最初认为，在公开场合谈论你的目标可以提升动机，但纽约大学心理学家彼得·戈尔维策的一系列其他研究表明，公开谈论目标会显著降低实现目标的概率。[11] 将目标表达出来意味着你在创造一个所谓的“社会现实”，而这会对你在现实生活中实现目标产生负面影响。把你的目标告诉别人这个行为会给你一种目标已经实现的错觉，会过早地释放本应在目标达成后才释放的多巴胺，伴随这种神经化学反应而来的是满足感。这就是问题所在，因为一旦你已经感到非常兴奋，就很难再站起来去应对现实中的困难了。俗话说得好：“有本事的人从不多言。”

最重要的是，要有冲劲。高且有难度的目标需要有挑战性，但必须是可以实现的。如果你总是因为实现目标太难而感到压力重重，那么在实现目标之前你就已经筋疲力尽了。此外要记住，真正的目的是提升自我效能以实现目标，即从根本上提升你的能力和可能性，成为一个全新的、有长进的自己。

明确目标

使目标明确是目标设定过程中更难的事。事实证明，高且有难度的目标和明确目标之间有显著的区别，明确目标是实现高且有难度的目标所需的日常步骤。

两者的区别归根结底在于时间周期。

高且有难度的目标是我们的长期任务，可能需要很多年才能实现，它是我们朝着伟大梦想迈出的一大步。我想写一本书，或者成为一名医生，或者开一家公司，这些都是高且有难度的目标。

明确目标则是完成高且有难度的目标所需的微小的日常步骤。明确目标的时间跨度要小得多。成为伟大的作家是一个宏伟变革目标，或者说是一个终身追求的目标；写一部小说是次级目标，即高且有难度的目标，可能需要很多年才能完成；每天早上 8 点到 10 点之间完成 500 字创作，则是一个明确目标；每天早上 8 点到 10 点之间写一篇 500 字左右、能够打动读者的作品，这就是一个更为明确的目标。

那么在现实生活中该如何操作呢？答案是拟定每天的“待办事项清单”。

一份恰当的待办事项清单应该起到为这一天规划所有明确目标的作用。这正是通向不可能之路最初的样子——一份精心设计、每天坚持执行的待办事项清单。清单上的每一项任务都源自你的宏大变革目标，这个宏大变革目标被具体化为一个高且有难度的目标，然后被进一步分解成每天要做的事情，通过每天完成一个小任务来推动整体目标的达成。一个明确目标应该是一项微小的任务。正如德西和瑞安最初发现的那样，如果这个小任务与核心价值相一致，你的动机就会大幅提升，从而激励你去完成这个任务。一旦完成任务，你就会获得奖励性的多巴胺，它会让你有更强的意愿去完成第二天的任务。把微小的胜利一点一点积累起来，永远是通往胜利的道路。

还有一点也很重要，明确目标是一种重要的心流触发器。[12]进入心流状态需要集中注意力，而明确目标可以告诉我们应该在何时何地集中注意力。当目标明确的时候，大脑就不需要去思考现在应该做什么或者下一步要做什么——它已经有答案了。因此，注意力会更集中，动机会更强，无关的信息会被过滤掉。从某种意义上说，明确目标对大脑而言就像一个“优先事项清单”，可以降低认知负荷，并告诉身体系统应该在哪里消耗能量。

将这一理念运用于日常生活，意味着要把任务分解成不同的部分，并设置相应的目标。这些目标必须有挑战性，但你又能应付得来——恰好能产生足够的刺激让你把注意力快速地集中在当下，又不会因为压力太大而进入不了状态。一个明确目标应该恰好处在你的“挑战与技能的平衡点”上，这意味着它有点儿难，迫使你将自己的能力发挥到极限，但又不至于让你陷入焦虑或被压垮的消极状态。

综上所述，正确的目标设定应该包含三组目标：宏大变革目标、高且有难度的目标以及明确目标，分别对应三个不同的时间尺度——宏大变革目标是持续一辈子的目标，高且有难度的目标可能需要花费数年时间来完成，明确目标即刻就可以完成。这也意味着你需要知道何时该关注哪个目标。在短时间内，注意力需要集中在手头的任务（明确目标）上，而不是完成这项任务的原因（即高且有难度的目标或宏大变革目标）上。如果搞错了，就有可能阻碍你进入心流状态，因为那会让你无法获得实现目标所需的进步。

至于拟定每天的待办事项清单的方法，你可以试着在前一天快结束时拟定第二天的清单。这样，你就可以在开始工作的那一刻就朝着这些目标去努力。就我个人而言，我会把待办事项清单上的条目限制在八项左右——我一天最多就能做这么多工作。换句话说，在任何一天，我都有精力把自己推向“挑战与技能的平衡点”八次。所以我不会尝试九次、十次、十一次，因为那样做会使我超负荷工作；我也不会逃避工作，去尝试六次或者七次。

不过，这只是我的习惯。

找出最适合你的方法，自己去做实验吧。记下你一天能做多少事，然后在每件事情上做到最好。坚持每天这样做，几周下来你就会找到这个神奇的数字，这就是你每天在明确目标清单上应该写的条目数量。正确地编写目标清单，可以最大限度地强化动机，同时也能让我们清楚这一天是否成功地完成了目标。

对于我来说，如果待办事项清单上的八个条目全都划掉了，那么这一天就“取得了胜利”，一天的任务都完成了。此时，我就可以关闭我的大脑，让它恢复元气——这是很重要的。恢复元气是保持巅峰表现的关键，但顶尖高手有时候会有点执拗，变成一个工作狂，永远也摆脱不了工作状态。所以，知道如何停止工作且不因此产生负面情绪，是长期成功的关键。这不仅因为你需要恢复元气，还因为如果你觉得恢复元气是在浪费时间，那么即使你花时间休息，实际上也会减弱休息的效果。更糟糕的是，这些负面情绪会进一步影响效能——降低动机，分散注意力，阻碍心流。

重要的一点是，“不可能”总是可以写成清单。今天完成清单上的每一项，明天也完成清单上的每一项，日复一日。明确目标就这样日积月累，变成高难度成就，而这些高难度成就最终会成为实现宏大变革目标之路上的里程碑。

当然，不可否认的事实是，即使你每一天都取得了胜利，在实现目标的道路上取得了明显的进步，但无休止地重复这个过程仍然需要坚持不懈，充满韧性。这就解释了我们的下一步——进入“坚毅力”这个话题。

第 5 章

坚毅力

没有压力就没有钻石

“没有压力就没有钻石。”

这是苏格兰哲学家托马斯·卡莱尔在 300 年前说过的一句话。[1] 这句话在当时是真理，现在仍然是。

卡莱尔的意思是，追求卓越是要付出代价的。长久保持优异表现是件苦差事。因此，即使你已经可以驾驭一整套内在驱动因素，并通过适当的目标设置来提升最终的效果，但要达到长远目标，仍然是不够的。

这正是“坚毅力”如此重要的原因。

坚毅力是一种强大的动力，它不仅是完成一项艰巨任务所需的力量，更是数年如一日完成许多艰巨任务所需的力量。如果没有挺过艰难时期的能力，就很难取得值得去争取的成就。可以这样想：内在动机引导你走上通往巅峰状态的道路，恰当的目标设定帮助你确定这条道路的方向，而坚毅力是让你不顾艰难险阻持之以恒的力量。

然而，大多数人只将坚毅力视为一种单一的技能。我们说“她是一位坚毅的运动员”或“他是一位坚毅的科学家”，好像用坚毅可以解释一切，但实际情况要更加复杂一些。

当心理学家描述坚毅力时，通常会引用宾夕法尼亚大学心理学家安杰拉·达克沃斯对这种特质的定义：“激情与毅力的交点。”[2]尽管这个定义有助于我们理解，但它可能还不够深入。如果你和顶尖高手交谈，他们经常会说出日常训练中的6种不同类型的坚毅力。但我们现在谈论这个话题为时尚早。

我们接下来要谈的是神经科学家对坚毅力的研究。

神经科学家对坚毅力的讨论主要集中在对前额叶皮层或者位于前额叶后侧的大脑组成部分的研究。前额叶皮层控制着我们大部分的高级认知功能，包括“目标导向行为”和“自我调节”。[3]

“目标导向行为”这个术语涵盖了实现目标所需要的所有行动。“自我调节”则是目标导向行为衍生出来的概念。自我调节指的是我们在实现目标的过程中的感受，以及我们如何应对这些感受。换句话说，自我调节既是一种控制情绪的能力，也是一种坚持完成具有挑战性的艰巨任务的能力。

从神经生物学角度来看，这两者是我们培养坚毅力的秘诀。

功能性磁共振成像（fMRI）研究发现，这些行为会以一种非常特殊的方式表现出来。缺乏坚毅品质的人的右背内侧前额叶皮层的自发性静息态活动会更加活跃，[4]而更坚毅的人的静息态活动则相对没那么活跃。大脑的这一区域可以帮助我们控制自我调节和长期计划，但要理解为什么毅力较强者的静息态活动较为稳定，还需要更多地了解多巴胺和坚持不懈之间的关系。

在上一章我们了解到，每当我们完成一项艰难的任务时，身体会分泌多巴胺作为奖励。在本章中，我们希望基于这一理念来探究这个问题：如果我们反复完成困难的任务，大脑是否会将坚持不懈与多巴胺奖励自动联系起来？我们正在把挖掘情感储备这种行为变成一种习惯。这种自动机制可能是拥有坚毅品质的人的背内侧前额叶皮层保持稳定的原因。一旦把深入挖掘情感储备所需的情感韧性养成一种习惯，就能做到不必刻意思考即可深入挖掘，因此便无须调动负责思考的大脑区域。[5]

怎样才能形成这些与坚韧不拔的品质相关的奖励循环呢？

如果你问顶尖高手这个问题，他们不会像科学家那样回答。心理学家喜欢讨论激情与毅力的交叉作用，神经科学家专注于研究前额叶皮层的作用，精英人士的关注范围则要广泛得多。

如果你问他们这个问题，会得到 6 种不同的答案。顶尖高手往往会同时努力提高这 6 种类型的坚毅力。[6]为了保持优异表现，持续取得出色成就，你需要培养这 6 种坚毅力，而且没有捷径可走。每一种培养坚毅力的技巧都需要独立训练。

我们一个一个来看。

不屈不挠的坚毅力

1869 年，弗朗西斯·高尔顿爵士第一次对坚毅力和高成就进行了研究。[7] 在一系列的历史分析中，他研究了政治、体育、艺术、音乐和科学领域的杰出人士，寻找他们成功的原因。他发现，虽然所有的卓越成就者似乎都拥有不同寻常的天赋，这可能是天生的（也就是遗传的），但并不足以解释他们为什么能取得那些实际成就。

除了遗传因素，他指出了两个更重要的品质，即“热情”和“吃苦耐劳的能力”。150 多年过去了，尚未有人能证明高尔顿的观点是错的——尽管我们更新了他提出的两个术语的表述。

21 世纪初，安杰拉·达克沃斯用“激情”（passion）取代了“热情”（zeal）这个表述，用“毅力”（perseverance）取代了“吃苦耐劳的能力”（capacity for hard labor），这两个词共同构成了她所提出的“坚毅力”的内涵，这一概念后来被人所熟知。在一系列的研究中，达克沃斯发现，这两种品质对于取得学术成就的重要性是智商的两倍。这个道理适用于学术界，同样也适用于其他许多领域。也就是说，正如达克沃斯所言，“所有取得卓越成就的人都是毅力卓绝的楷模”。[8]

毅力是一种最常见的坚毅品质，是日复一日的坚定不移，是那种无论在什么情况下都能咬牙扛过去的坚持不懈。别人骂我还是夸我都无所谓，我仍在坚持。这就是为什么我在办公桌上放了一个牌子，上面写着“做艰难的事”，以及为什么海豹突击队把“接受糟糕”作为他们私下的座右铭。

然而，在这种坚强的话语背后却藏着我们的软肋。心理学家发现，人类在这个世界上可以达到三个层次的幸福水平，愉悦程度逐层递增。[9]第一个层次是每时每刻的“快乐”，它通常被描述为一种享乐的生活方式；下一个层次是“投入”，它被定义为一种处于高强度心流状态的生活方式，或者说不是通过追求愉悦感而获得快乐，而是通过追求具有挑战性的、很可能带来心流状态的任务获得幸福感；再上升一个层次叫作“目标”，也就是我们在这个星球上能感受到的最高幸福水平，它是将第二层次的处于高强度心流状态的生活方式与影响他人而非我们自身的渴望结合在一起形成的。

安杰拉·达克沃斯和耶鲁大学心理学家凯瑟琳·冯·库林在一项涉及近 1.6 万名受试者的研究中发现，坚毅品质和人们追求的幸福水平之间存在明显关联。[10]意志力较弱的人会从享乐中寻找幸福感，而意志力较强的人会选择从“投入”中寻找幸福感。通过持续投入并触发心流，更加坚毅的人实际上幸福感会更高，而不是更低。因此，虽然保持坚毅在短期内需要更多的精力和情绪韧性，但从长远来看，它能给情绪和动机带来更大的提升。

我敢打赌，这对你来说不是什么新鲜事。

回想一下你的生活。想想你最自豪的成就，然后想想，为了实现这些目标，你付出了多少努力。当然，每个人都会碰上几次好运，总有那么几次，你不需要非常努力就能得到想要的回报，但那些回忆能否给你带来最大的幸福感？能否让你对未来充满乐观和信心？能否显著提升你的长期表现？

我表示怀疑。

我们人类喜欢坚韧不拔地艰苦奋斗，因为这更有益于长期生存。如果我们能开发这种动力，就能从根本上改变我们的生活质量。

但是，毅力作为坚毅力的体现之一，比许多人想象的更加微妙。研究人员在剖析“毅力”时，发现了三种心理特征：意志力、思维方式和激情。同样，没有捷径可走。你需要同时培养这三者来保持优异表现。

意志力

意志力就是自制力，是一种抵御干扰、保持专注和延迟满足的能力，也是一种有限的资源。

这种有限的资源有多少？这是一个开放性问题。

心理学家罗伊·鲍迈斯特将意志力水平与精力水平联系起来进行了研究，其研究成果有助于解释为什么我们的意志力会随着时间的推移而减弱。[11] 例如，想减肥的人常常发现自己可以一直节食到晚上，然后在睡觉前忍不住吃一桶诱人的冰激凌。这也解释了为什么会发生决策疲劳，或者说，当我们被迫解决一系列难题时，解决方案的质量会随着时间的推移而降低。

鲍迈斯特的研究已经成为一些健康领域争论的主题，主要是因为他直接将精力水平与葡萄糖水平联系起来进行研究。但这个细节没那么重要。如果你与顶尖高手交谈过就会知道，他们中的大多数人都认为，一天中的意志力会随着时间的推移而下降。也许这只是精力水平的正常下降，或者可能与鲍迈斯特所说的“自我损耗”直接相关。无论哪种情况，巅峰表现者都会用日程规划来对抗意志力下降。

如果你的意志力随着时间的推移而衰减，不要找借口，每一天的工作从最困难的任务开始，然后按照重要性和难度降序排列，最后做最容易的工作。尽管这种方法与我们拟定明确目标清单时对任务的排序大致相同，但它在商业领域有一个约定俗成的说法，叫作“先吃最丑的青蛙”。永远按照你的明确目标清单去完成一个又一个任务，一旦完成所有的任务，你就能赢得当天最大的胜利。

当然，由于意志力会随着时间的推移而下降，第二只和第三只青蛙可能会成为更大的问题。这也是为什么我在桌子上放了写着“做艰难的事”的牌子——这句话可以时刻提醒我去应对生活中的挑战，但它的实际功能却小得多：它可以提醒我在第一次休息之前再多完成待办事项清单上的一项。如果我当天的第一项任务是为正在创作中的书写出 750 字，第二项任务是练习一次演讲，这个牌子能够提醒我在第一次休息之前完成这个演讲练习。这可以帮助我在仍然拥有最充足的精力时完成困难的任务。

当然，也有一些需要注意的地方。当我们感到疲劳时，会发现前额叶皮层的活动减少，这会导致严重的表现障碍，包括注意力波动、认知减缓等，出错的频率也会越来越高，创造力会受到更大的打击。当我们精力不足时，就不会费心去寻找各种想法之间的广泛联系，我们只会做最简单的选择，不管后果如何。这意味着，如果你正饱受睡眠不足的困扰，就不要同时考验自己的意志力了。

最后，当围绕葡萄糖的争论尘埃落定，我想我们会发现，通过进食来提高精力水平（鲍迈斯特的干预方法）有助于恢复意志力，但其中总是会存在“状态转换”的过程。如果你和表现最优异的人谈论如何在中午恢复意志力，他们肯定会提到进食（这也是鲍迈斯特的建议），但同时也会经常提到小睡、冥想和锻炼。而除了进食以外的这些干预措施，不仅可以恢复我们的生理状态，还会改善我们的精神状态，让我们的神经生物反应回到正轨，这似乎是解开坚毅谜题的另一个关键部分。

思维方式

“思维方式”可以用我的朋友彼得·戴曼迪斯的一句话来形容:“如果你认为你可以，你就可以；如果你认为你不行，你就不行。”更确切地说，这里的“思维方式”指的是我们对待学习的态度。[12] 如果你的思维是固定型的，意味着你相信天赋是与生俱来的，再多的练习也不会帮助你提升；如果你的思维是成长型的，意味着你相信天赋只是一个起点，练习会让一切变得不同。研究表明，为了保持长久的毅力，成长型思维必不可少。

斯坦福大学心理学家卡罗尔·德韦克扫描了那些处理高难

度任务的人的大脑，发现固定型思维者和成长型思维者的大脑反应存在显著差异。[13]当面对难题时，固定型思维者的大脑呈现出完全不活跃的表现，就好像他们的思维会过滤掉所有输入的信息。因为固定型思维者相信天赋是与生俱来的，所以他们不相信自己能解决问题。因此，他们的大脑就不会浪费精力去尝试。毫不夸张地说，这个问题丝毫没有引起他们的注意。

相比之下，成长型思维者在面对困难的挑战时，大脑会出现很多强烈反应。他们的整个大脑都会活跃起来，并一直保持这种状态，最终会带来显著的成果。成长型思维者工作更努力、更长久、更聪明，在面对复杂挑战时会应用更广泛的解决问题的策略，他们也更容易进入并保持心流状态。

这种心流状态的提升实质上是注意力的集中。当固定型思维者犯错时，往往会纠结于那个错误，这破坏了他们专注于当下情境的能力。但成长型思维者就不一样了。“活到老，学到老”，成长型思维者总会这样说，进而产生更多的心流。

所以，关键的问题是，如何培养成长型思维？

好奇是第一步。如果你一边问问题一边学习，你很难找借口说自己是不可能学会的。

接下来，在此基础上，列出你的个人经历。列出你的技能，不管是什么技能。大多数情况下，技能本身并不重要，重要的是你一开始就学会了这些技能，而这正是你应该认识到的事实。列举的时候应该做到非常具体，从而发掘隐形的技能。什么是隐形技能？比如你知道如何化解争论——这是一种不会在天赋测试中表现出来的天赋，但在现实世界中却非常有用。

当你完成这份清单后，回顾一下其中的所有内容。然后，分析你的能力。你是如何学会这项技能的？先学了什么，后学了什么，之后又学了什么？把这个框架应用到其他技能的学习中去，然后寻找共同点。如果你在自己的学习框架中发现了相同之处，就能感受到自己是如何学习的，这也会让你意识到自己有能力去学习，而且常常是在艰难的环境中无意识地学习。这一转变非常关键。一旦我们相信自己有学习的能力，就会想知道自己还能学到什么，这样一来，我们就会把成长型思维应用到日常生活中，从而获得最大的益处。

激情

这本书的内容从探索激情开始，现在有必要继续探讨这一话题。当我们讨论坚毅力时，激情是非常重要的，因为没有其他方法可以让你多年坚持下去。连续三个月工作到凌晨3点，人很快就会变老。这就是为什么作家约翰·欧文对于如何坚持不懈的建议直截了当："让自己痴迷，保持痴迷。"[14]

不幸的是，他的建议并不总是有用。

问题在于，真正的激情在一开始看起来并不像真正的激情。当我们寻找充满激情的榜样时，大多数人会想到勒布朗·詹姆斯紧锁眉头大力扣篮的情景，或者爱因斯坦头发蓬乱地站在黑板前，脑子里飞快地想着方程式的情景。我们看着他们内心的火焰升腾，额头上渗出细密的汗水，然后想："好吧，我不是这种人。”

但他们也并非天生就是这种人。这才是关键。

激情起初看起来并不像后来的那样。对于勒布朗来说，最初的激情看上去朴实无华：一个孩子站在一个大篮筐前，试图把球投进去。最初的激情不过是一些好奇心加上几次小小的胜利。所以，最终的目标可能是“让自己痴迷，保持痴迷”，但我们的旅程却始于“让自己好奇，保持好奇”。

第二点值得一提的是，激情并不总是令人愉快的。很多时候，激情让人内心感到挫败，但从外部看上去又像是痴迷。最优秀的人必须学会忍受严重的焦虑和打击，这正是激情大多数时候给人的感受。激情不会让我们变得更坚毅，而是让我们能够容忍长期坚持所带来的负面情绪。

拥有成长型思维，我们就会把对消极情绪的容忍视为胜利的标志。成长型思维会帮助我们扭转局面，迫使大脑将痛苦重新定义为快乐。还有一个方法也同样管用——一份明确的目标清单。

每一次忽略挫折，延迟满足，划掉清单上的一项，就是一次小小的胜利。你划掉一个待办事项时感受到的那种小小的快感就是多巴胺给你的奖励。激情会让你取得小小的胜利，小小的胜利会产生多巴胺，随着时间的推移，多巴胺会一次又一次地将成长型思维固化。同时，由于神经化学物质在大脑中扮演着许多不同的角色，分泌多巴胺也会提升注意力并引发心流体验。随着时间的推移，心流体验会逐渐培养出坚毅力。

为什么会这样呢?

心流体验带来的喜悦弥补了激情带来的痛苦。如果心流体验是对坚持不懈的奖励，我们就愿意忍受成长旅途中的诸多痛苦，因为这种奖励实在是妙不可言。

但我们仍然会承受很多痛苦。

这就是为什么即使你可以正确地运用意志力、动机和激情，仍然需要通过训练来培养坚韧不拔的毅力。大多数专家认为，在培养毅力方面，几乎没有什么比锻炼身体更合适。去健身，进行有规律的锻炼：可以滑雪、冲浪或玩单板滑雪，可以骑自行车或散步，可以举重、跑步、练瑜伽、打太极。无论是什么运动，重要的是参与其中。

就这么简单。

好吧，也许没那么简单。

反馈很重要。衡量你的进步尺度，每次锻炼身体时，比上一次更努力一点，让自己保持在挑战与技能的最佳平衡点上，朝着那些能够帮助你分泌多巴胺的小小的渐进性胜利而努力。

同时，为失败做好准备。你会碰到没有条件锻炼身体的时候，比如你太累了或太忙了，或者又忙又累——必然会出现这样的时候。碰上这些糟心事的时候（这种情况会比按部就班的时候更多），提前做好计划。如果你不能在早上完成全套健身训练，那就提前做好准备，把其中一半安排在下午。

在那些似乎什么都做不了的日子里，你可以做一种“低能耗坚毅力锻炼”。如果你太累了，不想做其他任何事情，就可以做这种对毅力要求较低的锻炼。我一般会做 200 个俯卧撑，我的老搭档、编辑迈克尔·沃顿更喜欢跑步 20 分钟。关键是要找到一件足够困难的事情来提醒自己，你有足够的毅力去完成它，尤其是当你做不了其他事情的时候。这个提醒是关键所在。随着时间的推移，它会让我们自然而然地养成坚持的习惯。

控制思绪的坚毅力

“这不可能做到。”有时你会听到内心的挫败感。艰苦的工作和长时间的消耗之后，脑子里有个声音在劝你放弃。也许只有我这么想过，但你能理解我在说什么。

如果你想要做到最好，就要发自内心地相信自己能够做到最好。事实上，如果你想让自己的表现一直持续下去，控制住你的想法往往是关键，因为怀疑和失望会时刻伴随着你。“对于精英阶层，”高效能心理学家迈克尔·热尔韦解释说，“天赋和能力基本上是相同的，不同之处在于头脑。高效表现有 90% 是由脑力带来的，而这种精神优势主要来自能够控制自己想法的能力。”[15]

关于这个问题，我最喜欢作家大卫·福斯特·华莱士的观点。他在《这就是水》这一精彩的演讲中提出了自己对该问题的全面思考。[16]《这就是水》最初是华莱士于 2005 年在凯尼恩学院毕业典礼上发表的演讲，表面上讲的是人文学科教育的价值，但实际上讲的是控制思绪的极端必要性。以下引自华莱士的演讲：

> 在毕业后的这二十年里，我渐渐明白了，人文学科的教育中，“教你如何思考”这一老生长谈，实际上是一个深沉而重要的真理之简说。学习如何思考，其实是学习掌控自己思考的方式和内容，是让你以充分的自觉和警醒去选择关注的内容，选择从经验中构建意义的方式。因为，倘若你在成年生活中不能或不愿练习这种选择，那你将会被彻底打败……我认为，各位所接受的人文教育应当具有的实实在在的价值在于，在你们舒适、富足、体面的成年生活中，如何摆脱日复一日的单调重复，避免自己成为思维的奴隶，成为“帝王般独一无二的自我中心”这一默认设置的奴隶。也许这听起来像是夸张而抽象的谬论，那我们不妨说得具体一点……这恰恰是美国成年人生活中最主要的部分，而大多数毕业典礼演讲却从未提及。生活中的一部分便是厌烦、倦怠、平淡、乏味和微小的挫折，在座的父母和长者对我说的这些再清楚不过了。

追求卓越需要一遍又一遍地重复。即使你的激情和目标完全一致，并且你全身心地热爱你所从事的事业，你的事业通常也会体现为每天的待办事项清单。这意味着，要取得巅峰表现，或多或少要克服华莱士所描述的成年人的生活特征：无聊、乏味，充满微小的挫折。

这就是为什么控制思绪很重要。

如果缺乏控制思绪的坚毅力，那么每件日常琐事带来的无聊和沮丧将会使你迅速地、螺旋式地低落下去。许多顶尖高手最终会非常不安地认识到：他们的确在做自己热爱的事情，却非常讨厌自己的生活。这是前所未见的困难。如果激情和目标变成了囚笼，再小的挫折都会造成莫名其妙的愤怒。在追逐梦想的旅途中，没有人会告诉你这一点：你迟早得在悬崖边上追逐梦想。

事实是，大卫·福斯特·华莱士在《这就是水》发表几年后便结束了自己的生命。他的精彩演讲最后变成了一种警示，提醒我们赢得这场斗争实际上有多困难。[17]

一个令人稍感欣慰的消息是，科学界已经开始关注这个问题了。在过去的几十年里，心理卫生已经成为一个热门话题，研究进展非常迅速，研究人员已经发现了一种三管齐下的方法，让我们逐一进行介绍。

自我对话

如果你想控制自己的思绪，可以从积极的自我对话开始。“世界上只有两种想法，”迈克尔·热尔韦解释道，“一种是禁锢我们的想法，另一种是让我们心胸更开阔的想法。消极想法会禁锢我们，积极想法会让我们心胸更开阔。而且你能感受到其中的不同。我们要寻求的是让自己心胸更加开阔。积极的自我对话就是选择那些能为你打开更多空间的想法。”

禁锢自己的想法大致是这样的：“这太糟糕了。我应付不来。

为什么我的生活如此不公平？”这种想法会减少你的选择，降低你的能力。积极的想法则相反：“这是我自己的选择。我能行。我肯定能应付这种情况。”

要真正发挥积极想法的作用，你需要比你想象中多得多的积极自我对话。北卡罗来纳大学的芭芭拉·弗雷德里克森发现了“积极比率”，即3个积极的想法才能抵消1个消极的想法。“3：1,”她在最近发表的一篇期刊论文中写道，“我们发现，这个比例是一个临界点，超过这个临界点，积极情绪的全部影响就会释放出来。”[18]

一旦释放出来，这种影响是相当大的。积极的自我对话会带来积极的情绪，这可以扩展我们的视野，让我们有能力制订超越常规的行动计划。这些新的行动计划减轻了待办事项清单带来的无聊和沮丧感。更棒的是，积极情绪会推动“回弹效应”，这个看似高深的术语与复原力是同一个意思。[19]

有一点需要知道：积极的自我对话必须建立在现实的基础上。如果我们试图用错误的主张来支持自己，是糊弄不了大脑的。我们很擅长发现事实和虚构之间的不匹配。这就是为什么轻下断言往往会适得其反。[20]如果你告诉自己，你身家百万，但实际上你在沃尔玛打工，大脑是能够探测出来的。我们会发现这种幻想式主张和现实之间的巨大差距——结果会导致我们丧失动力。

让自己振作起来的最佳方式是记住那些你确信的事实。如果你曾经遇到过类似的挑战并取得了成功，就可以让自己牢记这段经历。真实的信息永远胜过对“新时代”的渴望。

感恩

我们的感官每秒钟会收集 1100 万比特的信息，[21] 这对大脑来说太难处理了。大脑所做的事情很多是筛选和分类，试图把关键信息和随机信息区分开来。由于任何有机体的首要任务都是生存，所以大多数信息面对的第一个过滤器就是杏仁核，也就是我们的威胁探测器。[22]

不幸的是，为了保证我们的安全，杏仁核会非常偏好负面信息。我们总是在探索危险的事物。在加州大学伯克利分校进行的实验中，心理学家发现，我们需要接收 9 比特的负面信息，才能接收 1 比特的正面信息。[23] 这个糟糕比例还是在最佳条件下才得到的，而最佳条件往往是可遇不可求的，其发生的概率几乎为零。

消极想法会增加压力，会摧毁乐观主义，同时扼杀创造力。当我们把注意力转向消极想法时，就会对新颖性视而不见。“新颖”是模式识别的基础，进一步而言，也是创造力的基础。[24] 没有创造力，就没有创新；没有创新，就无法战胜不可能。

积极的自我对话是解决这个问题的方法之一。感恩是另一种方法。

每天做感恩练习可以改变大脑的消极偏好。[25] 这会改变杏仁核的过滤器，本质上是在训练杏仁核接收更多的积极信息。这非常有效，因为令你感激的积极事物是已然发生了的，所以绝不会触发我们的谎言探测器。

练习感恩的最佳时间没有定论。就我个人而言，我喜欢在一天的工作结束时，写完翌日的明确目标清单之后立刻做这项练习。但如果某天起床后感到压力很大，我会把感恩练习作为当天第一件要做的事，在开始写作之前，边煮咖啡边做这项练习。

练习感恩有两种方式。

方式一：写下 10 件让你感激的事情，每写一件就用一点时间去感受你的感激之情。试着感受这种情绪是从身体哪个部位产生的，找到它在身体中的位置（你的内脏、你的大脑或其他地方）以及它到底是什么感觉。

方式二：写下 3 件令你感激的事情，并将其中一件扩展成一段描述。在写这段话的时候，同样把注意力集中在产生感激之情的身体部位上。

这两种方式都很有效，两者都会开始改变你的认知，让积极比率向更优的方向倾斜，而且耗时不会太长。研究表明，只要每天练习感恩，坚持三周，就足以让大脑重获活力。

最后，感恩和心流体验之间似乎也有很强的联系。在心流研究小组和南加州大学神经科学家格伦·福克斯的研究中，我们看到了日常感恩练习和保持高强度心流生活方式之间的直接联系。为什么？因为由感恩产生的乐观和自信似乎减轻了焦虑，这让我们不那么害怕把自己的能力拓展到极限，也让我们更能瞄准挑战与技能的平衡点，这恰恰是触发心流体验最重要的机制。

正念

如果你有意培养控制思绪的坚毅力，你就会对思想和情绪之间的空隙感兴趣。从一个想法产生，到我们的大脑因为这个想法而产生某种情绪，中间有一个持续时间不超过一毫秒的小小间隙。一旦你有了这种情绪，尤其是消极的情绪，你的身体系统通常会耗费过多的能量来关闭这种情绪。但如果你能进入思想和情绪的间隙，你就能用更积极的想法来取代消极的想法，在短时间内中和应激反应，长此以往，就能改变大脑的思考方式。

这就是正念练习的一大好处。正如它被广为宣传的那样：正念是一种专注于个人思想的行为。这不是一种灵修，而是一种认知工具。通过观察在你脑海中冒出的想法，你会开始注意到想法和感受之间的距离，很快你就会发现这种简单的觉知行为会让你从情绪中跳脱出来。一旦有了行动的空间，就有了选择的自由，你就可以变被动为主动。

同样，你有两种方式可以练习正念。

方式一：单点正念。你要把所有的注意力集中在一件事上：你的呼吸，蜡烛的火焰，一个单词或一个短语，远处的风声……任你选择。但当你选择的时候，至少在开始的时候，选择一些与你最喜欢的信息接收方式相一致的事物。如果你容易被语言所触动，那就选择一个能触动你的词语；如果你更容易接收动觉信息，那就专注于感觉。

选定你的焦点之后，安静地坐着，将注意力集中在这一焦点上。这就是你要做的。起初每天只做 5 分钟。选择一个你需要让自己平静下来的时间，比如在开始一天的工作之前，在大型会议之前，或者在回家见孩子之前，来几次缓慢的深呼吸。研究表明，当我们吸气和呼气的长度相等时，可以平衡交感神经反应（战斗或逃跑）和副交感神经反应（休息和放松）。[26] 这可以让我们很快平静下来，这种平静能帮助我们让注意力更加集中。

如果你适应了 5 分钟，就可以延长到 6 分钟或 7 分钟，或者你想坚持多久都行。研究表明，每天只需 5 分钟的正念就能减轻我们的压力和焦虑，[27] 而更大的认知益处——专注力、乐观、适应力和情绪控制——需要每天坚持 12~20 分钟才能真正开始发挥作用。[28]

很明显，每次正念练习，尤其是刚开始的时候，你总会不由自主地犯老毛病：走神。承认走神的存在，觉察它的存在，然后简单地把你的注意力拉回焦点。不要因为控制不住思绪而评判自己，只要觉知到那些你无法控制的想法即可。然后继续。这个过程被称为正念，因为你正在学习关注你的思想。用铁腕手段来控制思绪不是关键，关键在于觉知到这一点："哇，用铁腕手段来控制思绪是天方夜谭。"换句话说，要培养控制思绪的坚毅力，最好的方式是首先开始认识到思绪实际上是多么难以控制。

方式二：开放感知冥想。在这一方法中，你只需关注涌入大脑的所有想法。只观察想法的流动，不对想法做任何反应。需要注意的一点是，对于创造者来说，单点冥想可以增强聚合型思维，抑制发散型思维。开放感知冥想的作用正好相反。[29] 因此，如果你是一名建筑师，需要在推进的项目中建立广泛的联系，那么你适合选择开放感知冥想。如果你是一名律师，试图让合同无懈可击，就应该选择单点冥想作为你的工具。

这两种方法都可以让大脑得到再次训练，学会一个简单的道理：当我们意识到或观察到生活中的挑战，却不对它做出反应，不评判它，就能最有效地应对生活中的挑战。就我个人而言，我会采取交叉训练的方法。每周我会做几次单点正念练习，同时做几次开放感知瑜伽练习。我喜欢做 10~20 分钟的盒式呼吸作为正念练习的方式，接着做 10 分钟的开放感知冥想。[30] 我喜欢阿斯汤加瑜伽，主要是因为这是一种慢动作的霹雳舞，而且比其他形式更能使我集中注意力。此外，由于阿斯汤加瑜伽强调呼吸和注意力，所以老师们一般会保持安静，少说话——如果你想通过练习来学习如何扩大思想和情绪的间隙，这一点很重要。也就是说，不要以为适合我的方法也适合你。你应该去尝试哪种方式更适合你。

克服恐惧的坚毅力

我第一次见到巨浪冲浪者莱尔德·汉密尔顿是在 21 世纪初。*ESPN*（美国知名体育杂志）曾邀请我采访他，当时要写一篇关于高龄极限运动员的文章，莱尔德是这篇文章的一个案例。在该杂志看来，那些年过三十的老前辈显然已经接近了他们曾经辉煌的职业生涯的终点。[31]

问题是，莱尔德完全没有接近职业生涯的终点。

我们相遇的时候，他刚刚发明了拖曳冲浪，建造了他的第一艘水翼艇，并刚刚开始考虑练习单桨冲浪——这三项运动很快重塑了极限运动的未来。然而*ESPN*确信莱尔德已经开始走下坡路，所以他们派我去跟他谈谈辉煌逝去的经历。这种感觉出自新闻从业者的真实本能。

当时，莱尔德是公认的极限运动之王，被认为是硬汉中的硬汉，并且因为对记者态度尤其强硬而名声在外——我吓坏了。果然莱尔德没有让人失望。

他喜欢和记者一起“活动”，而且最少要做三项“活动”。我们首先上了一堂冲浪课，然后上了一堂水上摩托课。冲浪课进行得很顺利，因为基本上没遇到什么大浪。然后，由于海浪开始变浑浊，莱尔德决定教我如何开着摩托艇驰骋于海浪中。我以前从未骑过水上摩托，但这似乎并不重要。作为新手教学，莱尔德让我坐在他身后出发了。我们飞越了海洋——容我说句实在话，我并没有对如此快的速度做好心理准备。

我 12 岁时，一个朋友的哥哥把我放在一辆越野摩托车的后座上，然后突然加速，试图以最快的速度穿过一片树林。他一个急转弯，我被甩了下来，撞到了树上。我受了伤，不过只是一些擦伤，并没有骨折，但我被吓坏了。从那以后，尤其是我不开车的时候，坐在任何机器的后座上对我来说都需要极大的意志力。骑水上摩托时，我大约经历了 5 分钟的恐惧，然后就再也无法忍受了——但这还不是最令我难忘的。

我认识莱尔德的时候，恐惧对我来说是家常便饭——这或许是我最熟悉的感受。我觉得自己一直都在害怕，这几乎是我生活的常态。我讨厌这种恐惧，讨厌总是害怕的自己。我觉得自己是个懦夫，是个失败者。事实上，我非常讨厌恐惧的感觉，以至于我开始做任何让自己感到害怕的事情。做自己感到害怕的事情比生活在恐惧带来的耻辱中要容易得多。这就解释了我为什么会做下面这个决定。

莱尔德信誓旦旦地说，如果我从水上摩托上摔下来，最坏的情况也就是喘不过气来而已。我决定检验一下他的理论，把船速开到大约每小时 50 英里。

果然，我掉了下来，摔进海里。事实上，我也的确喘不过气来，只不过还有一些其他的感受。然后莱尔德开着水上摩托调头回来接我，当他把我拽回船上时，他说了四个字，让我改变了对恐惧的所有看法。

“你也这样。”他说。[32]

他的意思是，就像我一样，他，这个公认的极限运动之王，硬汉中的硬汉，也会感到恐惧。他也讨厌自己有这种恐惧。就像我一样，他也学会了利用恐惧来缓解恐惧。这对我来说是个新鲜事。我以为勇敢就是不害怕，我以为那才是“男子汉”应该有的感觉，或者更确切地说，是不会感到恐惧。我不知道感到恐惧是没关系的。

回到海滩上，莱尔德进一步解释道：“恐惧是我生活中最常见的情绪。我已经害怕了很长时间——老实说，我从来都不记得自己什么时候不害怕。你如何面对恐惧，这才是关键。”

莱尔德完全正确。如果你对实现不可能感兴趣，那么你就会对挑战感兴趣，而如果你对挑战感兴趣，你就会感到害怕。

情绪是生活的底色，我们都能感觉到。如何面对情绪，这才是关键。

我遇到的每一个成功人士，他们逃离的速度和追求的速度一样快。为什么？很简单，恐惧是一种神奇的动力。这就是为什么学会把恐惧视为一种需要应对的挑战，而不是一种需要避免的威胁，可以让我们的生活产生如此深刻的变化。这种方法利用了我们最原始的动力，即对安全和保障的需求，让它为我们所用。

作为结果，专注会自然而然地出现。我们天生就会关注那些让我们感到害怕的东西。当我们真的对某件事情感到害怕时，最难的是不去注意它。恐惧会驱动注意力的产生，而且是强大的注意力。通常需要消耗巨大能量才能做到的事情，现在很容易就能做到。

所有强烈的情绪都会提高记忆力，尤其是恐惧。研究表明，我们更容易记住不愉快的经历，而不是愉快的经历，这意味着把恐惧作为一种动力，无须做其他努力就可以集中注意力，同时还能提高学习能力。

最重要的一点是，恐惧是巅峰状态中的常态。如果你不学会带着这种感受工作，这种感受肯定也会想方设法与你共存。但是，如果你能利用好恐惧的能量，在短时间内驱动注意力和专注力的产生，并为长期的发展形成方向性引导，那么你就为培养坚毅力增添了一股非常强大的力量。

恐惧练习

克里斯滕·乌尔默是历史上最优秀的运动员之一，也是最勇敢的运动员之一——她从事的运动包括高山滑雪、滑雪登山、冰上登山、攀岩和滑翔伞，长期以来一直在挑战不可能。[33] 20世纪90年代到21世纪初，乌尔默连续12年被评为“世界最佳女性极限滑雪运动员”——这种主导地位在体育界非常罕见。

后来，她离开了体育界，选择了另一种职业，成为世界上首屈一指的恐惧心理专家之一，并对一万多人进行了指导。乌尔默认为，要改变一个人对待恐惧心理的方式，第一步是进行一种常规的恐惧练习。“每个人都有相同的问题，”她解释道，“杏仁核不仅会过滤所有接收到的信息，而且这些过滤器大部分都是在童年早期通过我们几乎记不住的经历建立起来的。其结果是，我们甚至常常无法意识到自己感受到的情绪是恐惧。相反，这种情绪会被误解和扭曲，表现为责怪、愤怒、悲伤或非理性的想法和行为。”

为了克服这一点，你必须培养自己对恐惧的觉知。“你必须从注意到体内的恐惧开始，”她说，“要感受到真正的动觉。从任何形式的情绪不适甚至身体不适中发现恐惧。然后，花些时间，不要用你的大脑关注它，而是用你的身体去感受它——这是非常不同的。接纳它，像对待朋友一样对待它，问它想要告诉你什么。这样做，你就会发现恐惧并不像我们想象的那么令人不快。

让我们感到不快的，是我们试图回避恐惧。一旦你真正把全部注意力放在恐惧的感觉上，它就会消散。这似乎不合常理，但这种对身体感觉的直接关注确实能消解恐惧的感觉。”

同时，乌尔默还建议在谈论恐惧的时候改变表达方式，与其说“尽管恐惧但还是要去做”，不如说“因为恐惧所以去做”，把恐惧看作兴奋，或者看作一种帮助你集中注意力的情绪。“把恐惧当作玩伴，”乌尔默建议，“这可以把这种情绪从一个待解决的问题转变为一种值得享受的资源。”

一旦开始和恐惧做朋友，你就需要把与恐惧的关系建立在上述基础上。莱尔德·汉密尔顿认为，与恐惧建立联系的最佳方式是练习定期冒险。“一旦开始直面自己的恐惧，”他解释道，“你很快就会意识到想象比现实更夸张。但恐惧是一种昂贵的情绪，需要消耗大量的能量才能产生。既然已经意识到想象比现实更夸张，为什么要把精力浪费在其实没那么可怕的事情上呢？通过直面恐惧，你可以迫使自己的身体重新校准对恐惧的认知，下一次再面对类似的事情时，反应就不会这么强烈。”

但是我们究竟该如何面对恐惧呢？

科学研究表明，只有两种方式：要么慢慢地建立起耐受性，这种方式被心理学家称为“系统性脱敏”；要么直接进入最恐惧的情境，这种方式被形象地称为“满灌”。不管哪一种，其过程都是一样的。

首先，正如乌尔默所建议的，学会在你的身体系统中识别恐惧，要么是你身体上的紧张感，要么是你思维模式中的紧张感。然后，回想你以往的类似经历或感受，以及成功克服这些困难的情境。你是怎么做到的？第一次遇到这种情况时你运用了什么样的心理技巧？一旦你搞清楚运用了哪些技能，就可以不断地练习这些技能。

例如，假设公开演讲会让你感到恐惧。首先，确定这种恐惧在你的身体系统中的位置和表现方式。是反胃、想吐，还是思绪纷乱？或许二者都有？

现在，回想生活中其他让你有同样感觉、但最后成功应对了的情景，比如你和朋友之间的一次艰难谈话。在谈话之前，你觉得头晕目眩，内脏翻江倒海，然而进行这种艰难对话的行为——克服那些不适感的行为——实际上强化了你们之间的关系。

最后，哪些技能帮助你第一次克服了恐惧？或许和朋友交谈之前，你做了 10 次深呼吸？很好，现在开始练习深呼吸技巧吧。或许自我意识和情商起了作用？很好，现在也请练习这些技巧。

此外，正如心理学家迈克尔·热尔韦提醒我们的："你要知道如何判断自己的进步。你需要衡量使用这些技巧的熟练程度，以及这些技巧是否创造了更多的心理空间。学会创造心理空间，你就能学会在充满敌意和压力的环境中应对自如。"[34]

更棒的是，由于风险可以触发心流状态——心流会随着专注产生，进而抓住我们的注意力——这种常规的恐惧练习会自动延长心流状态的时间。当我们冒险时，多巴胺会被释放到我们的身体系统中，这正是大脑奖励探索行为的方式。

而且，任何形式的风险都会让我们分泌多巴胺。[35]所以，你当然可以去冒生理上的风险，但也要尝试情绪、智力或创意风险，特别是社交风险，尤其有效。大脑对社交风险和身体风险的处理模式完全相同，这就解释了为什么世界头号恐惧是对公开演讲的恐惧，而不是害怕被灰熊吃掉这样的与进化有关的恐惧。

当然，每个人都是不同的。莱尔德·汉密尔顿可能需要在50英尺高的海浪上冲浪才能激发恐惧，但对我来说，5英尺就已经绰绰有余。这就是我的接受程度。对于那些更害羞、更温顺的人来说，仅仅是尝试一项新活动，或者在会议上发言，或者向陌生人询问时间，就可以触发恐惧，可以以此作为冒险练习。然后，过几天再向两个陌生人询问时间，或者做其他类似的练习。我们的目标是适应不舒服的感觉。不舒服的感觉仍然存在，但我们与这种感觉的关系已经被永久地重塑，这才是我们真正想要的。

把恐惧当作指南针

如果你能学会与不适感和谐相处，就可以开始进行这个过程的最后一步，即学习把恐惧当作指南针。对顶尖高手来说，恐惧就是路标。除非摆在他们面前的是一个需要回避的可怕而直接的威胁，否则高手中的高手往往会朝着让他们最害怕的方向前进。

为什么？

还是同样的道理：专注和心流。朝着让你最害怕的方向前进会放大你的注意力，并将其转化为心流。心流状态带来的表现提升会帮助我们克服恐惧，迎接更大的挑战。随着更大提升的到来，我们会发现，真正的潜力隐藏在最大的恐惧背后。通过直面恐惧，我们能提升自己的能力，教会自己即使在感觉失衡和失控的情况下，也要保持心理稳定和掌控感。

在最糟糕的情况下做到最好的坚毅力

乔希·维茨金是一位博学多才的顶尖高手。电影《王者之旅》（*Searching for Bobby Fischer*）讲述的是一个象棋神童的故事，小时候的他就是现实版的象棋神童。他分别于 1993 年和 1994 年在美国青少年国际象棋大赛中夺冠，不到 16 岁就获得了"国际象棋大师"的称号。接下来，他开始尝试练习武术，成为太极拳推手世界冠军，后来又将注意力转向巴西柔术，在传奇拳手马塞洛·加西亚的指导下达到黑带段位。后来，他成了一名作家，出版了《学习之道》（*The Art of Learning*），这本书后来成为高效表现领域的经典著作。近年来，他将所有这些专业知识用于指导他人，与顶级运动员、投资人等建立了合作。介绍了这么多，重点在于，乔希·维茨金对坚毅力有独特的看法。[36]

维茨金相信，毅力、控制思绪和恐惧对长期表现至关重要，他认为还有一个更重要的区别因素。"最重要的坚毅力，"他说，

“是学会在最糟糕的时候做最好的自己，这就是精英与其他人的真正区别。你必须把坚毅力作为一种独立的技能，靠自己去训练这种品质。如果你能做到这一点，你就会发现真正的力量。这是一种真正的力量——一种你可能不知道自己拥有的力量。”

心理学家威廉·詹姆斯的观点与此一致。100 多年前，詹姆斯在美国哲学协会的一次题为“人的能量”的演讲中指出：

> 我们对“元气复苏”（second wind）这一现象再熟悉不过，即世上存在一种人们习惯性不去开发的能量储层。通常，当我们遇到名为“疲劳”的第一层障碍时就会停下来。在此之前我们已经散步“够了”，努力“够了”或工作“够了”，然后就会停滞不前。这种疲劳总是能成为我们的障碍，我们的日常生活一般就停留在这一层。但如果有一种不同寻常的需求迫使我们继续前进，一件令人惊讶的事情就会发生。当疲劳积累到某个临界点，就会逐渐或突然消失，我们会比之前更有活力，显然已经到达了一个新的能量水平。这种体验可能会有很多层，第三层、第四层“元气”可能会随之而来。这一现象同时存在于心理活动和生理活动当中，在特殊情况下，我们可能会超越极度的疲劳和痛苦，发现巨大的舒适感和从未梦想拥有过的力量——那些我们习惯性忽略的力量源泉，因为我们总是出于习惯不去打破障碍，不去超越那些早期的临界点。[37]

好消息是，有一些简单的方法可以训练这种坚毅力；坏消息是，训练的过程不太愉快。事实上，让自己在最糟糕的时候做到最好，唯一的训练方法就是，在你感到最糟糕的时候进行训练。

例如，在极限运动中，不进医院的秘密之一就是在筋疲力尽的情况下学会保持平衡。为了达到这个目的，每次训练接近尾声时，我都会以高强度跳绳作为结束（以确保筋疲力尽），然后练习 10 分钟印度板（一种用于训练动态平衡的板）。如果练习期间板子接触到地面，我就重新开始。这是一种在极其痛苦的情况下进行平衡训练的方法——一种在最坏情况下做到最好的锻炼方式，它确实减少了我的医疗费用。

我也会用类似的方法来训练认知技能。练习一篇新演讲时，我总要穿越一次地狱。我会在睡眠不足、已经工作了 10 个小时、在健身房完成高强度训练后进行练习。做完这一切后，我会带着我的狗去野外，徒步上山，并在途中练习我的演讲。如果我在攀爬悬崖的时候依然可以连贯地演讲，那么在任何情况下都可以。

说到创造力，出于生理上的原因，在最糟糕的情况下学会做到最好还需要一个额外的步骤。恶劣的环境意味着更大的压力，也就意味着更多的应激激素，这会使我们的发散型思维减少。[38]

塔夫茨大学精神病学荣誉退休教授基斯·阿布罗运用了一些认知重构的方法来解决这个问题：“我始终坚持这一坚定的哲学立场，那就是筋疲力尽是一件好事。当我为实现一个有价值的目标而努力奋斗至筋疲力尽时，这种疲惫于我而言是一种奉献。以这样的方式来看待疲惫，就会将其从消极状态重新定义为积极状态，这赋予了我对疲惫的某种免疫力。它还能抑制恐惧，恐惧往往是疲惫的副产品，却是创造力的巨大障碍。只要稍微降低一点焦虑，似乎就能释放出隐藏的创新思维。”[39]

针对弱点进行训练的坚毅力

在上一节中，我们看到，在最糟糕的状态下要做到最好，需要在极端恶劣的条件下进行训练。这种练习所培养出的坚毅力可以确保当这些情况在现实中出现时，你已经有了控制恐惧、保持专注和最大限度发挥你的技能的经验。但这只是坚毅力这个方程式的前半部分。

后半部分是针对你的弱点做强化训练。即使你在最糟糕的状态下能通过练习做到最好，这个链条中也总会存在一些薄弱环节。一旦压力加重，潜在的失败风险就会变成真正的失败。

这没什么好奇怪的。我们的弱点往往是自己最不喜欢的东西，也是最没有动力去克服的。不幸的是，在危急时刻，正如希腊诗人阿尔基洛科斯很久以前所指出的那样：“我们不会进步到我们期望的水平，而是会退步到我们训练的水平以下。”[40]

同样，问题在于恐惧。在这个等式中，我们越恐惧，可选择的余地就越小。在发生冲突的时候，大脑会限制我们的选择来加快反应时间。最极端的例子就是战斗或逃跑，在这种可怕的情况下，大脑只会让我们做出三种潜在行为（第三种是吓呆）。[41]在其他程度稍轻的高压条件下也一样，我们在压力下的反应是完全不由自主的——那些习惯模式已经深深刻入了我们的基因。

因此，解决方案就是，认清自己的最大弱点，然后开始克服它。这就是为什么滑雪运动员沙恩·麦康基总是在登山条件最差的山上训练，为什么阿诺德·施瓦辛格总是针对最弱的肌肉群做举重训练，为什么诺贝尔物理学奖得主理查德·费曼在晚年决定学习如何与女性对话。当然，费曼克服这种特殊弱点的方式是在脱衣舞俱乐部闲逛——那是另一回事。[42]

更大的问题是，克服我们的弱点可能比听上去更棘手。认知偏差会影响认知，所以要清楚地认识自己是很困难的。解决这个问题的一种方法是寻求帮助。让朋友找出你的弱点，让他们诚实地指出你的弱点，但不要太过火。列出你最大的三个弱点通常已经足以指明你的训练方向，同时你不会因为听到自己所有的缺点而让自尊心备受打击。更重要的是，你的朋友也存在固有的认知偏差，所以不要只向一个朋友求助，可以向三个、四个或五个朋友求助，寻找他们答案之间的相关性。如果在五份不同的清单中同时出现了某一个弱点，那就可以从这个弱点开始进行训练。

你的清单条目可能分为三类：生理弱点、情绪弱点和认知弱点。这都是训练自己的机会。缺乏耐力是生理弱点，一点就炸的脾气是一种情绪弱点，无法随着问题的增加而做相应思考是一个认知弱点，但这三个问题不能用同样的方式解决。

克服生理弱点和情绪弱点的最好方法是勇于面对这些弱点，但要慢慢来，不要指望在一两周内解决这些问题。积习难改。学会享受缓慢的进步，学会原谅自己不可避免的故态复萌。

此外，当然，要对这个过程中的不适感做好心理准备。

解决我们的认知弱点可能是更困难的挑战，但乔希·维茨金研究出了一种方法，能持续取得良好的效果。他的建议是，回顾你过去三个月的生活，问自己这样一个问题："三个月前我的哪些观点在今天看来是不正确的？"然后再问自己两个关键问题："为什么我当时会那样认为？我做了什么样的错误思考，才得出了那样的错误结论？"

令人欣慰的是，这类思考错误往往是可以分门别类的。我们的思维有盲点，这使得我们的错误具有一定的一致性。所以弱点的产生往往有根本原因，针对这些根本原因进行训练，可以让你很快消灭所有类型的弱点。

恢复元气的坚毅力

这种坚毅力是用来应对疲惫和备受打击的状态的。职业倦怠不仅是一种极端压力下的状态，也是在追求巅峰表现的过程中偏离正轨的状态。

职业倦怠具体有三种表现：疲惫、抑郁和愤世嫉俗。[43] 职业倦怠状态是在长时间的反复压力之下产生的。它不是长时间工作导致的，而是在特定条件下长时间工作造成的：高风险、缺乏掌控感、与自己的激情和使命感不一致、努力和回报之间存在长期且不确定的差距。不幸的是，这些条件在我们追求高且有难度的目标的过程中都会出现。

这就是为什么应该培养恢复元气的坚毅力。

进一步说，这种坚毅力往往是必需的。让出类拔萃的高手放松下来并非易事。如果保持冲劲对成功至关重要，那么坐着不动会让人觉得自己在偷懒。工作越能激发我们的激情、越符合我们的使命感，我们就越会觉得度假是一种“浪费”。然而，由于职业倦怠状态会导致认知功能的显著下降——这是保持巅峰表现的最常见干扰因素之一——你绝对需要培养恢复元气的坚毅力。

而且，并不是所有的恢复策略都一样。

恢复策略主要有两种：消极恢复和积极恢复。消极恢复包括看电视、喝啤酒——听起来熟悉吗？

不幸的是，酒精会干扰睡眠，而电视则会以一种不寻常的方式让大脑保持活跃。[44] 真正的恢复需要将脑电波切换为 α 波，而电视则会关闭有助于恢复的高级皮层中枢，那些不断变换的图像会过度刺激视觉系统，把脑电波从 α 波切换到 β 波——这正是清醒和警觉的脑电波信号。[45]

积极恢复恰恰相反。它能确保大脑不受影响，身体也能得到休息。积极恢复练习可以通过清除身体系统中的应激激素，将脑电波先后切换为 α 波和 δ 波，让我们重新精神焕发。当然，顶尖高手会以尽可能好的条件进行积极恢复：使用高压氧舱、感官剥夺箱，或者按照营养专家精密计算的卡路里摄入量安排饮食。这些做法都很管用，如果你有兴趣可以试试。但是研究表明，其实你只需要按照三个简单的步骤进行操作，就可以恢复元气。

第一，保障你的睡眠。δ 波深度睡眠对恢复元气和学习能力至关重要，因为这种脑电波在巩固记忆的时候才会出现。[46]你需要一个低温的、没有任何屏幕的黑暗房间。我们手机发出的光与日光的频率范围相同，这会影响大脑完全关闭的能力。

然后，让手机保持一段时间的关机状态。大多数人每晚需要 7~8 小时的睡眠，但是你要找出最适合自己的睡眠时间，然后确保你可以持续得到良好的睡眠。

第二，制订一份积极恢复方案并付诸行动。传统的做法包括健身、恢复性瑜伽、打太极、在树林里长时间散步（让我失望的是，人们已经开始称之为“自然浴”）、泻盐浴、桑拿和泡热水澡。我个人喜欢做红外线桑拿。我试着每周做三次，每次 45 分钟。我会一边蒸桑拿，一边读书，或者做正念练习。桑拿可以降低我们体内的应激激素水平，同时，由于正念可以减轻压力，这一套“组合拳”会极大加快恢复的进程。

第三，定期恢复很重要。每个人都有一个临界点，一旦越过这个临界点就会万劫不复。如果你的工作表现一直不佳，受挫感不断累积，就该休息几天了。对我来说，每 10~12 周就要放松一次。每次假期，我都会用两天的时间来滑雪。我会看看书，滑滑雪，试着不跟任何人说话。但这只是我的个人偏好，你要搞清楚什么活动最适合你自己。

最重要的是，要正视这个问题。职业倦怠会让你失去动力和冲劲。短期来看，因为持续的压力干扰了认知功能，这种状态会降低你的工作质量，导致事倍功半。从长远来看，从解决问题到记忆，再到情绪调节，职业倦怠会对所有这些神经功能产生永久性的影响，由此彻底打乱你对不可能的追求。[47] 所以，虽然在日程安排中强制设置休息时间会让你觉得是在浪费时间，但你一旦陷入职业倦怠，所浪费的时间要比休息多得多。如果你能尽早培养恢复元气的坚毅力，你会走得更快、更远。

第6章

勇猛精进的习惯

彼得·戴曼迪斯很忙。[1]他是我的好朋友，也是经常与我合作著书的伙伴（《富足》《创业无畏》《未来呼啸而来》），他是X大奖基金会（X PRIZE Foundation）创始人、奇点大学联合创始人以及22家不同公司背后的创业推手。2014年，《财富》杂志将他评为“全球50位最伟大的领导人”之一，他也是我认识的唯一一个被印在邮票上的人。不过，我们刚认识的时候，他尚未取得这一切成就。

我和彼得是在1999年认识的，那时我们刚刚开始职业生涯不久。我们之所以相遇，是因为我写了第一篇关于X大奖的重量级报道。X大奖既是彼得在太空探索领域的疯狂尝试，也是一笔1000万美元的资助计划：第一个在两周内建造一艘宇宙飞船并两次将其发射至近地轨道的人可以获得这笔资助。

可重复使用的宇宙飞船是美国宇航局（NASA）无法建造出的东西，但并不是完全造不出来，这对人们充满了诱惑力。如果火箭每次从地球发射出去后不被烧毁，那么太空发射的成本就会大幅下降。彼得认为，这是开拓太空探索前沿必要的第一步。

我耗时6个月来报道这件事。在此过程中采访了几十位专家，他们一致认为：彼得疯了。可重复使用的宇宙飞船是不可能建造出来的。美国宇航局表示，这将耗资数十亿美元，并需要投入数万名工程师。所有主流的航空航天制造商都重申了美国宇航局的观点，只是措辞有所不同。根据所有世界顶尖专家的说法，获得X大奖是绝对不可能的。

但这些观点并没有持续太久。

不到十年，特立独行的航天设计师伯特·鲁坦将他的“宇宙飞船一号”发射到近地轨道。两周后，他再次进行了发射。难道有一万名工程师被他招至麾下了吗？不。他的团队大约只有30人。花费了数十亿美元吗？不。实际只花了2500万美元。不可能的事情变成了可能。而我因为和彼得在这个过程中成了好朋友，得以近距离目睹这一壮举。

那么“不可能”究竟以何面貌示人呢？

看起来都是很熟悉的画面。

彼得是通过这样的方式来帮助我们开拓太空探索边界的：醒来之后，他在电脑前敲一会儿字，然后去吃早餐。接着找个地方会客谈话，然后换另一个地方和另一个人谈话。接下来打开电脑，再敲一会儿键盘，然后吃午饭。午饭后，他去别的地方会客谈话，然后再打一会儿电话，接着打开电脑再敲一会儿键盘。他时常坐飞机旅行或者去健身房，也会时不时地冲个澡，睡一会儿，或者去趟洗手间。然后一直重复这样的事情。

这就是近距离观察完成不可能任务时看到的样子。但不止彼得是这样——所有人都是这样。

卓越总是要付出代价的。如果你的目标是追求伟大的事业，那么你就要把所有的时间都投入这个目标，日复一日地努力。从这个角度来看，成为俄亥俄州克利夫兰市最好的干洗店需要花费的时间和精力，与探索太空前沿所需的时间和精力是一样的。这是理所当然的。无论追求何种层次的卓越，总要投入我们所拥有的一切。

那么，是什么特征使得不可能的挑战者与众不同呢？

据我所知，有三个核心特征。

首先是最初愿景的宏大。偶然取得成就是很难的，你必须要有远大的梦想。彼得梦想着进入太空，他想号召其他人加入他的梦想。他的梦想看上去既不切实际又不合理，但正如彼得喜欢说的一句话："直到某件事真正取得突破的前一天，它都是一个疯狂的想法。"

关于这一点，我们已经准备就绪。如果你已经把好奇心转化为激情，把激情转化为使命感，并利用这些信息塑造了一个宏大变革目标，你已经很"危险"了。在此基础上，如果你正在培养掌控感的道路上持续精进，请继续下去——因为这正是实现不可能的道路。

第二个特征是在这个过程中能获得更多的心流体验。不可能的旅程永远是漫长的，心流是长期坚持的关键因素之一。一项活动产生的心流体验的数量直接取决于我们多年来持续追求目标的意志强度。不过，在这一点上，你也已经获得了保障。本书介绍的所有步骤都是围绕心流触发机制构建的，所以只要遵循这些步骤就可以增加你的心流状态持续时间。

面对不可能，那些攻无不克的高手共有的第三个特征，我称之为“勇猛精进的习惯”。这是一种随时、自发地迎接任何挑战的能力。每当顶尖高手遇到生活中的困难时，他们都会本能地主动迎接挑战。事实上，他们还没来得及考虑退缩，就已经挺身向前了。在面对生活中的阻碍时，最优秀的人不必担心能否坚持到底。他们精巧地融合了各种动机，并将应对困难的坚毅品质训练得炉火纯青，以至于在不知不觉中就接受了挑战。

这很重要，原因有几个。

首先，有一个我们熟悉的问题：我们不会上升到期望的水平，反而会下降到日常训练的水平以下。焦虑这种情绪，如果用功能性磁共振技术来观察，看起来有点像强迫症。[2] 在一小块神经网络中，大脑绕着同一个思想回路无休止地旋转，找不到出口或停下来的办法，也找不到新的解决方案。在任何一条通往巅峰表现的道路上，如果你不养成勇猛精进的习惯——把驱动力、目标和坚毅力这三个动机组合起来——迟早你会被自己的恐惧拖入深渊。

这是由基本的生物学机制决定的。

其次，挑战不可能并不容易，这一点显而易见。但是勇猛精进的习惯会让你吸收所有痛苦带来的能量，并将其转化成燃料。我最好的朋友迈克尔·沃顿在高中参加田径赛时，[3]得到了一位身经百战的教练的指导，他的训练方法不同寻常。当他们去户外长跑时，只要遇到小山，团队就必须把注意力完全集中到跑步的核心技巧上：大步幅前进，用力摆臂，抬高腿。注意，重点不在于速度或加速度，而在于完美的技术——随着时间的推移，这些技术会作用于结果，提升速度和加速度只是水到渠成的事。

一开始，这感觉当然很糟糕。这种训练方式令人筋疲力尽，痛苦超乎想象。但很快他们就习惯了。紧接着，他们开始主动迎接这一挑战。接下来，他们的技能得到了提升，速度开始加快，而且突然间，上坡短跑成了训练计划的一部分。

一段时间后，团队成员甚至注意不到一座小山映入眼帘，他们还没意识到自己在做什么，就已经跑到半山腰了，而且还在飞快地往上跑。这是一个明显的优势。当跑步者遇到山坡时，除了那些超级精英，所有人都会放慢速度。这是一种本能反应，大脑在试图保存能量。与此同时，超级精英则试图保持步调不变。但迈克尔的团队学会了在挑战面前加速——这就是勇猛精进的习惯。

勇猛精进的习惯同样适用于你生活的方方面面。当然，培养这个习惯可能需要一些时间。彼得喜欢说："想清楚你愿意为什么而死，然后为它而活。"但不要只是说说，你要真正为之而活——几周、几个月、几年。用心理学术语来说，你正在努力开发一种"行动导向"——尽管采取了极端的做法。

好消息是，行动导向会产生更多的心流体验，因为它会让你不断去冲击挑战与技能的最佳平衡点。坏消息是，这一切不会很快发生，培养这个习惯是很艰难的。然而没有这个习惯，不可能就永远是不可能。

从另一角度来看，威廉·詹姆斯所著的第一部心理学教科书中对习惯也有所探讨。[4] 为什么会探讨习惯？因为詹姆斯坚信，人类是习惯的机器，要过非凡的生活，最简单的方法就是养成非凡的习惯。俗话说："播种一种行为，收获一种习惯；播种一种习惯，收获一种性格；播种一种性格，收获一种命运。"

后来，几乎所有的研究都证实了詹姆斯的猜想，这意味着他的建议总体上是非常棒的。对培养勇猛精进的习惯来说，这些建议尤其重要。

归根到底，勇猛精进的习惯有助于节省时间。

如果你的兴趣是取得极大的成就，那么勇猛精进的习惯可以帮助我们最大限度地利用我们的 24 小时。再次回到我朋友的田径队这个案例上：我们大多数人只是普通的跑步者，这意味着当挑战级别上升时，我们会放慢速度。但一旦勇猛精进的习惯根深蒂固，你就会在意识到挑战之前开始迎接挑战。

此外，养成勇猛精进的习惯也能降低认知负荷。我们为即将到来的任务感到焦虑，这会消耗很多能量。但一旦我们将"向前一步"培养成一种本能，不仅可以节省时间，还可以节省精力。所以，你不但能够在竞争中获得优势，你的油箱里还会有更多的燃料来支撑这个优势。你可以称之为复利。

那么如何养成勇猛精进的习惯呢？请参考本书的练习。调整你所有的内在动机，用适当的目标设置来扩大这个动机组合。训练 6 种坚毅力。

就这样，一直坚持下去。

那么如何衡量进展呢？如何知道自己是否真正养成了勇猛精进的习惯？这很容易。当有人问你在忙些什么，你嘴里蹦出一串成就时，你们俩都会感到惊讶——这时候你就知道了，你已经养成了勇猛精进的习惯。

第二部分

学习力

我们怎样度过每一天，

当然也就会怎样度过这一生。

安妮·迪拉德[1]

第7章

不可能的必备知识库

如果你想追求更高的成就，动机可以让你投入这场无限游戏，但学习才能帮助你持续地追求下去。不管你的兴趣是I类不可能（实现历史上从未有人做到的事）还是i类不可能（你自己以前从未做到的事），这两条路都要求你培养实用的专业技能。

心理学家加里·克莱因在其关于决策的经典著作《如何作出正确决策》（*Sources of Power*）中明确指出了这一点。他指出了八种专家看得见但其他人看不见的知识类型：

- 新手不会注意到的模式
- 未发生的异常或事件，或违反预期的事件
- 全局视野
- 事情的运作方式
- 机会和即兴发挥
- 已经发生的（过去）或将要发生的（未来）事件

- 新手无法察觉的细微差异
- 新手自身的局限性[1]

如果不具备克莱因清单上的所有知识，不可能仍然只是不可能，因为上面所列的条目实际上恰恰是不可能的组成要素。它们是必备的知识库，但开发这个知识库需要学习。

大量的学习。

有一个词可以描述我们究竟需要多少学习量：终身学习。

终身学习可以使大脑保持敏锐，既可以防止认知能力下降，又可以提高记忆力，还能增强自信，提升沟通技巧，创造职业机遇。心理学家之所以认为终身学习是满足感和幸福感的基础，正是因为它可以带来这些好处。[2]但对于那些对巅峰表现感兴趣的人来说，还需要将心流纳入考虑范围。

如果我们的目标是保持挑战与技能的最佳平衡状态，最大限度地提升我们在该状态的时间，那么我们就需要不断地拓展自己的能力边界。这意味着我们要不断学习和进步，从而不断增加下一个挑战的难度。为了迎接这些更大的挑战，我们必须获得更多的技能和知识。终身学习让我们与不断变化的目标保持同步，而这些目标正是挑战与技能的最佳平衡点。这是保持高强度心流状态的生活方式的基石。

然而，这就是事情变得棘手的地方。学习是一种无形的技能，你在游刃有余地使用这项技能之前，多半都做不好。当然，你可以有意识地选择挖掘特定的信息流，并且有足够的耐心去面对必要的琐事，但学习过程的大部分是在你看不到的地方发生的。支撑学习的主要神经功能——模式识别、记忆巩固、网络构建——恰恰都超出了我们的认知范围。

这就提出了一个重要的问题：你如何改善你看不到的东西？

第 8 章

成长型思维和真相过滤器

几乎所有你想学的东西，都需要你达到一些基本的要求，才能开始进一步的学习。不管你的愿望有多大，如果你没有滑雪杖、滑雪鞋和滑雪鞋固定装置，那么想搞清楚怎么滑雪是不可能的。学习也是如此。如果你想提升学习效果，加快学习进程，那么你首先需要准备好正确的装备：成长型思维和真相过滤器。

我们分别来解释。

首先是成长型思维，我们之前已经有所讨论，此处再次提及是想提醒你，如果缺乏成长型思维，学习几乎是不可能的。固定型思维会改变我们潜在的神经生物学机制，使获取新信息变得异常困难。所以在开始学习之前，我们需要相信学习是可能的。

更重要的是，成长型思维可以节省你的时间。这意味着你的大脑已经准备好吸收新的知识，这样你就不会浪费时间白忙活了。这也是一种限制消极自我对话的重要方式，而消极自我对话是阻碍学习的另一种因素，因为它会影响我们寻找信息之间联系的能力。更重要的是，成长型思维可以帮助你把犯错看作进步的机会，而不是一味自责，这可以确保你在成长的道路上走得更远、更快，并在此过程中减少情绪混乱。

正确的思维能让大脑做好学习的准备，而恰当的“真相过滤器”则可以帮助我们选定和评估所学的知识。几乎每一个我遇到的顶尖高手都具备了某种真相过滤器。许多人都需要通过反复试错才能找到自己的真相过滤器。我的建议是简化流程。持续保持巅峰表现需要不断学习。因此，改善这一过程的最好方法是学会更快地学习。掌握与学习过程有关的元技能，并利用这些技能来提升我们看不见的那些东西。以恰当的方式建立一个快速、精确的信息评估系统，就能做到这一点。

我经历了千辛万苦才开发出自己的真相过滤器。我从事的是新闻业，与科学和工程一样，新闻这个行业也是依靠真相过滤器来完成工作的。在科学和工程界，科学方法起到了真相过滤器的作用，而报纸和杂志则以不同的标准来确定一些信息是否真实，是否可以发表。如果有人告诉了你一些消息，你可以找另外三个专家求证——如果消息得到了印证，就可以确认那就是事实，你可以放心地出版。

但别那么着急。

21 世纪初，一家主流杂志委托我去做一则关于神秘体验背后的神经科学原理的报道。我首先发现了一件事：科学家已经在这个领域取得了一些重大进展。那些曾经的“神秘”体验开始被认为是由生物学原理导致的，这似乎是一个大新闻。我想知道为什么普通民众并不知道这一进展。

我向我的主要采访对象提出了这个问题。他说，问题在于另外两名“研究人员”——在他看来，这两人不是受人尊崇的科学家，倒更像是神神叨叨的江湖骗子——他们写了很多关于这个话题的畅销书。这些书通篇都是神秘的推测，对自然科学含糊其词，也没有什么其他的研究成果。对科学的好奇心偏离了轨道，故弄玄虚，而且他们的研究资金也枯竭了。

作为一名记者，得到这个消息后，我做了应该做的事——向其他三位专家求证。三人都证实了这一消息。他们都给我提供了写畅销书的那两位研究者的名字，与我的采访对象提供的信息完全一致。事情得到了验证，这篇文章很快发表了。

后来，我的编辑接到了一个电话，电话那边的人怒气冲冲，他正是上文提到的两位研究者之一。事实证明，他是一位受人尊敬、著作等身的神经心理学博士，他写的那部关于神秘体验背后的科学原理的著作并不是一本畅销书，和宗教也扯不上关系，甚至不是一本书——那是一本由众多研究人员撰写、经过同行评议的期刊论文合集。

最重要的是，他的观点是对的。当然，我可以找个借口——四个人不约而同地给了我错误的事实，有多大概率会发生这种事情？但错仍在我，因为我没有去专门求证。我的真相过滤器，即使是按照行业标准来操作的，也不够精准。

于是我决定，如果发表标准要求对事实确认三次，那我就确认五次。我总是会向五位专家核实事实。就在那时，我发现了一些奇怪的事情：问四个人同一个问题，你可能会得到非常相似的答案。之所以发生这种情况，有时是因为你接下来要谈话的人是上一个人推荐的；有时是因为在各个领域，主流观点会占主导地位。但如果你花时间去问第五个人，他可能会告诉你一些与你目前所知相冲突的事情——而这通常需要再找另外五位专家进行五次讨论来理清。这就是我的真相过滤器。每个问题求证五位专家，如果五位专家有分歧，那么再找五位专家。

另一个不同的例子是，在《创业无畏》这本书中，我讲述了埃隆·马斯克的“第一性原理”，也就是所谓的“简化主义真相过滤器”。这一观点源于亚里士多德，他将“第一性原理”描述为“已知事物的第一基础”，不过通过举例来解释更容易理解。

当考虑进入太阳能行业时，马斯克知道最大的瓶颈之一是电力供应的间断性和由此产生的储能问题。由于入夜后没有阳光（间歇性供电），我们需要将白天收集的能量储存在电池中，以便晚上使用（储能）。然而，马斯克并没有根据市场现状或他的竞争对手正在提供什么产品来决定是否进入太阳能领域，而是浏览了伦敦金属交易所的网站。[3]他检索了什么？镍、镉、锂等材料的基本价格。一个电池的基本部件的实际成本是多少？他知道技术本身总是在改进，不管现在有多贵，以后会便宜的。因此，马斯克在看到这些基本部件的售价很低后，立刻发现了技术改进的巨大空间，就此创立了太阳城公司。这就是第一性原理。它是一个真相过滤器，一个信息评估系统，可以让我们更快地做出更好的选择。

马斯克在创立火箭公司——太空探索技术公司（SpaceX）时也使用了同样的方法。当时，他并没有考虑进入太空产业，而是想计算出购买一枚火箭的成本，用于在火星表面进行实验。在与一群航空航天领域的企业高管交谈后，他发现这个成本高得惊人——6500 万美元。

他后来接受《连线》（*Wired*）杂志采访时说："所以我说，好吧，我们用第一性原理想一想。火箭是用什么造的？航空航天级别的铝合金，外加一些钛、铜和碳纤维。然后我又问了这些材料在商品市场上的价值，结果发现，一枚火箭的材料成本大约是一般市场价格的 2%。"[4] 就这样，SpaceX 诞生了。几年之内，马斯克从第一性原理出发，成功将发射火箭的成本降到了原来的 1/10。

第一性原理、科学方法、五位专家法则，这些都是真相过滤器。你可以参考我的法则，或者采用马斯克的方法，或者想出你自己的方法。重要的是，你要创造一个准确的真相过滤器，并加以利用，因为你无法依靠错误的信息实现不可能。

此外，真相过滤器还可以提升表现。对正在处理的信息加以信任可以缓解焦虑、减轻怀疑并降低认知负荷，否则它们会分散我们的注意力，阻碍我们进入心流状态，阻碍学习本身。但是，如果你以正确的心态来处理新信息，并用准确的真相过滤器来判断这些信息，你就为提升无形的能力奠定了必要的基础。

第9章

阅读的投资回报率

成长型思维让大脑处于学习的准备状态，真相过滤器让你能够评估学到的知识，这就引出了下一个问题，即关于学习材料的问题：我们到底应该利用哪些资源去学习？

一个残酷的事实摆在我们面前：如果你想学习，就应该看书。当然，作为一名作家，这话似乎是为我自己说的，但请听我把话说完。在这个数字时代，关于我所从事的职业，最令人不安的事实之一是，经常有人告诉我，他们不再读书了。有时候，他们会读一读杂志上的文章，或者只是浏览博客。我们经常会听到这样一句评论："读完一本书太费时间和精力了。"

这并不令人惊讶。根据美国国家艺术基金会的调查，大多数成年人平均每天只花7分钟的时间阅读。[1] 几年前，皮尤研究中心报告称，近1/4的美国成年人在过去一年里连一本书都没读过。[2]

尽管这个消息可能没那么令人惊讶，但对于任何有兴趣掌握学习技能的人来说，不读书简直是一种灾难。为了解释清楚原因，让我们先来看看我听过的主要反馈：读完一本书太费时间和精力了。有道理，但让我们来谈谈你的投入会得到什么回报。这个观点提到了一种价值主张：你花费自己的时间来交换作者们的想法。让我们来详细分析一下这种交易的本质。先从博客开始。

成年人的平均阅读速度约为每分钟250个单词，[3]每篇博客文章的篇幅平均为800个单词左右，这意味着，我们大多数人阅读一篇博客文章平均需要三分半钟。那么，你在这几分钟里得到了什么？

以我为例，大约是我三天的努力成果。

要写出一篇典型的博客文章，我通常需要花费大约一天半的时间来研究某一话题，然后再花一天半的时间来写作成文。研究的主要方式是阅读书和文章。我也会和专家交流。如果这个话题是我擅长的领域，通常和一两位专家交流就足够了；如果我不熟悉这个领域，则会和三到四位专家交流。到了写作阶段，通常需要阅读更多的材料，并与专家们再交流一两次，最后才费心费力遣词造句。

这就是价值交换。你的三分半钟换来的是我一系列努力的成果：先消化50~100页的材料，然后花3~5个小时对这些材料加以讨论，再花一天半的时间提炼出我的新想法，最后把整个结果重组成可以阅读的文章。

现在，让我们再来看看，阅读一篇杂志长文可以获得什么，就是你会在《连线》杂志或《大西洋月刊》（*The Atlantic*）上看到的那种文章。那些文章通常篇幅为5000个单词，这意味着一般人要花20分钟才能读完。那么，再问一次，你花费这20分钟会得到什么回报？

以我为例，在开始正式采访之前，我会花费大约1个月的时间进行研究，然后花6个星期的时间用于采访，接着再花6个星期用于写作和编辑。所以，如果你在我身上花费20分钟的时间，作为回报，你可以获得我4个月的脑力和体力劳动成果。

我认为，如果从这个角度来看，你会发现阅读杂志文章一般都是一笔不错的交易。作为一名读者，你花了5倍的时间来阅读，而作为作者，我投入的时间是之前的30倍——这是一笔令人难以置信的交易。但与读书相比，又是小巫见大巫了。

让我们以《超人的崛起》（*The Rise of Superman*）为例，这是我写的一本关于心流体验和从科学角度解读人类终极效能的书。这本书篇幅大约为75 000个单词，所以一般读者要花5个小时才能读完。那么，花费这5个小时，你会有什么收获？读完《超人的崛起》，你大约可以获得我15年的生命体验。

请看下面列出的这些数字：

- 博客文章：阅读3分钟，获得作者3天的工作成果
- 杂志长文：阅读20分钟，获得作者4个月的工作成果
- 图书：阅读5个小时，获得作者15年的工作成果

那么，为什么读书要优于阅读博客？原因在于知识的浓缩度。如果你花 5 个小时阅读我的博客，每篇耗时 3.5 分钟，你勉强能看完 86 篇博文——也就是说，你用这 5 个小时换来了我 257 天的努力。

与此同时，如果你同样花 5 个小时阅读《超人的崛起》，就可以获得我 5475 天的努力。书是这个世界上最浓缩的知识形式。你在阅读《超人的崛起》的过程中，每 1 个小时实际上相当于我生命中的 3 年。这个比例的诱惑力简直令人无法抗拒。

当然，你也可以从其他形态的信息流中汲取营养。也许你只是不喜欢阅读，也许你喜欢听访谈，也许你喜欢看纪录片，不幸的是，尽管访谈和纪录片都能很好地激发人们的好奇心，但它们都无法达到书所能提供的信息密度。

这么说吧，我每个月都会做几次演讲，每次演讲通常都是 1 个小时。如果我以“心流”为主题进行演讲，那么在这 1 小时里，你听到的信息可能来自几篇博客，引用 20 页《超人的崛起》，再引用 20 页《盗火》。为了增加趣味性，你也许还会听到一些书里没有的故事。这些加起来，1 个小时内获得的信息相当于 70 页文章。这看起来是个划算的交易，但问题是，你没法获知细节。

再次以《超人的崛起》为例。听众可以获得书中 20 页的信息，不过每页只能获知一两处细节。但这本书包含的信息远远不止于此。读者可以从书中的每一页获知 4~8 个实例，而且还会有更多的时间来消化这些信息。不同媒介形式的信息表述方式必然不同。同时，基础神经生物学机制也决定了我们对信息的接收会出现这样的差异。

此外，阅读还会带来另一种红利：提升效能。[4]研究发现，阅读可以提升长期注意力，减轻压力，防止认知能力衰退。阅读也被证明可以强化同理心，改善睡眠并提高智力。把这些益处与书所能提供的信息密度结合起来，我们就会明白，为什么从比尔·盖茨、马克·扎克伯格和埃隆·马斯克这样的科技巨头，到奥普拉·温弗瑞、马克·库班和沃伦·巴菲特这样的文化偶像，无一不把自己的成功归功于对读书的无比热爱。[5]

当我刚开始了解如何挑战不可能时，读书也是我学到的第一个提升效能的技巧。这是一位名叫乔·莱夫勒的神奇魔术师教给我的，他是陪伴了我整个童年的"潘多拉魔盒"魔术用品店的老板。

"潘多拉魔盒"商店狭长的空间里，到处都摆着让人惊奇的东西。右边一堵墙嵌满了窗户，左边的一堵墙闪闪发光，摆满了各种神奇的玩意儿：纸牌、硬币、羽毛、花朵、丝绸、剑、鸟笼、礼帽、镜子，当然还有绳子。但是后墙——人们走进商店最先看到的那堵墙——放满了书，从左边排到右边，从地板摞到天花板。

我很困惑。博博所著的《现代硬币魔法》（*Modern Coin Magic*）被摆在一个引人注目的位置，但毫无疑问，用于表演"剑穿纸牌"魔术的那把镶嵌着宝石的弯刀卖得更好。[6]毕竟，正如乔经常说的那样，魔术这份工作不好做，魔术师需要利用所有能派上用场的道具。有一天我问他，为什么不把书搬到不那么显眼的地方，在那个引人注目的位置摆上一些能卖出去的东西。

乔摇摇头，指着商店的后墙说："它们就该待在那里。"

"为什么？"

"书，"他笑着说，"就是用来保存秘密的。"

第 10 章

获取知识的五个步骤

几年前，在新墨西哥州北部举办的一次山地速降骑行赛中，我坐在缆车上与一名大学生交谈，他问了一个有趣的问题：如果我要为一家主流杂志或报纸写一篇关于某个话题的文章，怎样才能知道我对这个话题已经足够了解了呢？

这个家伙想了解的事情实际上很复杂，并且像学期论文那样有非常多的细分领域，但这让我开始思考：在我愿意公开发表意见之前，怎样才能对自己所学的内容足够自信？

下面是我的回答。

学习任何事物都需要五个没那么容易的步骤，这也是我们接下来需要关注的地方。到目前为止，我们的重点一直是将学习条件准备就绪。此时，我们需要深入研究学习过程本身。具体而言，我们需要深入研究愿意公开对某个话题发表意见之前要经历的过程。在 30 年的记者生涯中，我摸索出了这个过程。干记者这一行，要写某一领域的文章，必须先成为这个领域的半个专家。由于我在那些年里曾为100多家不同的出版机构供稿，从硬科学和新技术，到体育、政治和文化，涉及领域十分广泛，我必须在相当短的时间内熟悉很多陌生、难懂的话题。

而且，由于当时报纸和杂志都拨出了预算，聘请事实核查人员和文案编辑，因此我需要保证报道的准确性，以通过异常严格的考核，如果出了错，很容易丢掉工作。为了保住饭碗，我必须学会准确、快速地学习任何事物。

或者，正如我在《智族》杂志的合作编辑吉姆·纳尔逊曾经解释的那样："每月大概有100万人阅读这本杂志。由于我们的很多报道都不属于其他传统新闻媒体会涉足的领域，因此我们的某篇文章往往是读者所能看到的关于某一主题的唯一观点。我们需要严肃地对此负责。这就是为什么我们要非常非常努力地保证不出错。"

下面是我所学到的保证不出错的方法。

第一步：通读五本书

在实际操作中，这个数字对每个人而言可能不一样，但每次接触一个新课题时，我给自己定的规矩是读五本书，在此过程中允许自己一无所知。也就是说，挑选五本关于某一主题的书，并把它们通读一遍，在此过程中不去批评自己。

这一点值得强调：学习并不能让我们觉得自己聪明。至少一开始不能。

刚开始，学习会让我们觉得自己很笨。新的概念和术语往往会让我们备感受挫，但是不要因为在此过程中产生这样的感觉而否定自己。在通往巅峰表现的道路上，你的情绪所传达的实际意义通常与你以为的并不相同。

想想因为做不好某件事而产生的挫败感吧，这是一种停滞不前的沮丧和一触即发的愤怒。但这实际上是一个信号，表明你正朝着正确的方向前进。事实上，这种挫败感会增加体内的去甲肾上腺素，其主要功能是帮助大脑做好学习的准备。[1] 你需要体验到这种挫败感才能产生这种神经化学物质，有了这种神经化学物质才能学习。沮丧不是走错方向的信号，而是走对方向的信号。所以，你的工作就是坚持把这五本书看完，原谅自己在阅读过程中产生的不可避免的困惑。

阅读这五本书的主要目的是熟悉术语。我们之前讨论过这个问题，但有必要再次提及，因为事实上，术语可能是需要攻克的主要难题。

学习的困难，经常是由专业化的语言表述造成的，通常需要读五本书才能开始对这些语言表述有所领悟。这也意味着，读前三本书时，你无法对自己读到的很多东西理解透彻。不要停，不要回到开头重读，不用去查所有你不认识的词。秘诀在于不要（太）沮丧，坚持读下去。

从生物学角度来看，很多学习都可以归结为模式识别，而且大部分都是在无意识的情况下进行的。只要你坚持读下去，就会不断地捕捉到微小的信息，而你的模式识别系统就会不断地将这些信息拼接成更大的片段。这些更大的片段将成为你在新知识海岸上的滩头阵地。

而且，你要以一种非常特殊的方式建立滩头阵地。

首先，拿出你的笔记本。做笔记的时候要特别注意，[2]我们的目标不是记下你认为需要知道的一切，我们只需要关注三件事。

第一，如上文所述，把历史叙述记录下来。这给大脑提供了一种简单的方式来整理新信息，并提高了学习速度。

第二，如上文所述，要关注术语。如果一个专业术语出现了三四次，把它写下来，查字典，下次再看到这个词的时候，读一读它的定义。保持这种状态，直到你一看到这个词就知道是什么意思。

第三，也是最重要的一点，把所有让你感到兴奋的东西记下来。如果你看到一个直击灵魂的句子，就把它记在笔记本里。如果你发现了一个让你大吃一惊的事实，那就记下来以备不时之需。如果你突然想到一个问题，把它写下来。让你感到好奇的东西总是充满活力。我们已经准备好记住任何吸引我们注意力的东西，这使得以后回忆这些信息会更加容易。它一开始就引起了你的注意，加上你把它记在了笔记本上，通常足以使这些信息留在你的长期记忆中。

同样需要强调的是，我不建议你做这件事：在笔记本上做一般用途的笔记。这不是重点。重点在于建立基本的专业知识储备作为后续学习的结构性基础，然后跟随你的好奇心去学习一个主题，利用你感兴趣的工具——因此也会更容易记住。

此外，不要随便挑五本关于这个主题的书，要遵循一定的原则。

第一本书：你能找到的关于这个话题最流行、最畅销的书。不论是虚构还是非虚构，都不重要。我们的目标是找到乐趣，乐趣，乐趣。第一本书不是真正用来学习的，更多的是让你熟悉将要进入的世界，培养对专业术语的基本感觉。

第二本书：选择一本同样很受欢迎，但通常更专业、与主题相关性更强的书。这本书要么与你所研究的课题有密切关系，要么就是直接相关。再次强调，这一阶段的主要目标——以及选择畅销书的原因——是为了唤起兴奋感。在动机层面，你需要在一开始就感到兴奋，因为这是正式学习的基础。之后，随着你的知识库逐渐完善，那些艰深的细节会变得吸引力十足，但在刚开始的时候，激发你的想象力要重要得多。

第三本书：选择一本关于这个主题的半技术性读物——这本书仍然颇具可读性，也很有趣，但可能略有难度。这本书的思想建立在第一本书和第二本书的基础之上，但其语言更加精确，并且包含了专业人士才能看懂的细节。从这一步开始，你会对全局形成模糊的认知。为了达到这个目的，在第三本书中，试着找到一些能够提供更广阔视野的信息——一个关于这个主题的宏观视角。如果你一直在阅读有关树木的书，那么现在就可以学习一些有关系统生态学的知识；如果你一直在研究夫妻心理治疗，那么现在就可以了解一些社会心理学的发展历史。

第四本书：我们到了正式的学习阶段。这是你要读的关于这个主题的第一本真正深奥的专业书，它不像前三本书那么有趣，但它会让你了解到该领域真正的专家正在思考的问题。密切关注该领域目前的最新进展，了解该主题的来龙去脉以及当下大家正在研究的基本理念。同时，找出“疯狂”之处，也就是专家们认为的胡言乱语。你可能不同意这些观点，但你需要知道它们的存在，更重要的是，知道它们存在的原因。

第五本书：这本书并不总是最难读下来的（最难的通常是第四本），但通常是最难理解的。因为阅读这本书的目的是直接了解该主题的未来，包括其发展方向及发展节奏。这本书会让你了解最前沿的信息。

读完这五本书，你的大脑通常已经储备了足够的数据让你对一个领域有基本的认识。你已经熟悉了专业化的表述，视野中已经勾勒出了宏观大局。这是真正理解的开始。当你开始就一个主题提出有意义的、清晰的问题时，就可以充满自信了——你已经掌握了基本知识。

这在现实世界中是如何操作的呢？可以参考我写第一部小说《飞行最快的角度》（*The Angle Quickest for Flight*）时的经历。[3] 这本书讲的是五个人试图闯入梵蒂冈，偷回一本卡巴拉教的核心经典，这部经典是13世纪从犹太人那里偷来的，后被藏在机密档案室中。这本书有点类似于《达·芬奇密码》，但比《达·芬奇密码》出版早几年。为了写这本书，我需要了解梵蒂冈的历史和机密档案室。那么，我读了哪些书来快速学习这些知识呢？

第一本书：托马斯·吉福德的《刺客》（*The Assassini*），一部关于“二战”期间教堂参与艺术品盗窃的惊悚小说。这本书读起来颇为有趣，让我对梵蒂冈有了初步了解。我学会了一些术语，并且对即将进入的世界产生了一些感知。[4]

第二本书：玛拉基·马丁的《罗马教会的衰亡》（*The Decline and Fall of the Roman Church*）。[5] 马丁曾是一位耶稣会信徒，他还是一位梵蒂冈历史学者，写过关于这一主题的通俗小说和纪实作品。这本书同样通俗易懂，但信息量很大。

第三本书：凯伦·阿姆斯特朗的《神的历史》（*A History of God*）。[6] 阿姆斯特朗是该领域最受尊敬的学者之一，而这本书讲述了犹太教、基督教和伊斯兰教诞生以来4000年的历史故事，这让我对这一主题有了宏观的认识。阿姆斯特朗也是一位才华横溢的作家，这意味着这本讲述4000年历史的著作读起来比你想象的要快得多。

第四本书：玛丽亚·路易莎·安布罗西尼和玛丽·威利斯的著作《梵蒂冈机密档案》（*The Secret Archives of the Vatican*）。这是与该主题相关的五本书中最重要的一本，信息密集，充满细节，直击主题。[7]

第五本书：托马斯·里斯的《梵蒂冈内幕》（*Inside the Vatican*）。[8] 这不算是一本展望未来的书，而是提供了一个非常宽广的历史视角。这本书对世界上最复杂的宗教组织进行了详尽的学术研究，巨细靡遗。

最后记住两点。首先，这项练习是为了帮助你了解某个话题，而不是学习某项技能。如果你想学习一项技能，比如弹钢琴，你不可能通过阅读来熟练掌握。在下一章中，我们将会探索学习技能的方法。现在，我们先学习如何获取知识。

其次，在这个多动症泛滥的时代，人们普遍不喜欢读书，五本书似乎阅读量太大。但事实绝非如此。五本书比大学里任何一门课程前半学期的必读书目都要少。即使五本书都读完了，也不要沾沾自喜——你了解到的仍然只是冰山一角。

第二步：把自己当成白痴

读完这五本书后，你的笔记本上应该已经记满了问题。把这些问题再看一遍，你会发现许多问题现在都有了答案。剩下的问题怎么办呢？你要带着这些问题进行下一步：找专家来讨论。

就我个人而言，作为一名记者，在进行这一步时，我有得天独厚的优势。代表《纽约时报》给诺贝尔奖得主打电话要比你写大学学期论文容易得多。大多数人都喜欢谈论自己所做的事情，所以，如果你打不通那位诺贝尔奖得主的电话，就给他的研究生发短信。只要你做足了功课，带着诚意提问，大多数人都会愿意开口的。事实上，没有多少人喜欢缄口不言。关键是要把你所谓的自尊暂且放下，和比你聪明得多的人交谈。就我而言，我总是让别人给我解释事情，就好像我是个 4 岁的无知孩童。与专家交流时，我愿意做一个一无所知的白痴。怎么才能知道我已经与足够多的专家交流过了？当专家们一次次地夸我这个白痴问的问题很好时，我就可以确信自己走上正轨了。

有几个关键细节要注意：采访是一种技能。你需要让你的采访对象感到舒服和被尊重。每个人的时间都很宝贵，不要在谈话一开始就喋喋不休地谈论你自己或你的调查。提前准备好问题清单，把你的采访时间想象成不超过半小时，不要浪费哪怕一秒钟。永远不要问别人你能查到的事情。一定要提前研究相关的报告、专著和技术论文。最重要的是，确保你的前几个问题既能显示出你对采访对象个人的了解，又能显示出你对他所从事领域的专业知识的了解。不要问“你对当前关于意识研究的争论有什么看法？”这种问题，而要问：“你在《意识研究杂志》（*Journal of Consciousness Studies*）上发表的那篇论文中提出了泛灵论的神经生物学论据。你是什么时候开始这样思考这个问题的？”

这类问题才能让专家感到舒服和被尊重。这可以让他们知道你已经提前花时间调查了他们的工作，因此他们可以用专业术语畅所欲言，而且你听得懂。把这些访谈录下来，并在访谈过程中做大量笔记，写下那些吸引你注意力的东西（和阅读的规则一样）。用录音来核实，这样你就可以把访谈时没来得及记下来的内容都记录下来。

第三步：探索空白

在现代社会，大多数专家越来越聚焦于细分领域。他们对自己选择的研究方向有着难以置信的渊博知识，但往往对其他细分领域正在发生的事情一无所知。所以，当你完成第二步，并开始问一些巧妙的问题时，你就会开始注意到答案中的空白。这些空白有时会成为该领域的核心问题。换句话说，和大多数研究人员跟随好奇心找到了自己的研究方向一样，你也跟随自己的好奇心找到了你要研究的问题。这很棒。这证明你实际上正在研究现有材料中的问题，但它不是你在这一步真正追求的目标。

你要追求的是作家史蒂文·约翰逊所说的“慢直觉”，即你正在研究的这个领域的特定信息与你同样在研究的另一个领域的其他数据的关联感。一开始，你可能很难感受到这些由空白带来的直觉，而且你真的没法强迫自己找到它。但是，因为你一直在追随自己对这个话题的好奇心（而不是遵循标准的教育课程），所以可以自然而然地为发现这种联系播下种子。在接受读写网（*ReadWrite*）采访时，约翰逊解释道：“所谓‘慢直觉’指的是，如果你参与多样化的活动，有一系列广泛的兴趣，而且经常收集你没读过的有趣故事或与你研究的特定领域相关联的专业知识，你更有可能想出有创意的点子……诀窍在于从不同的角度看问题，并借鉴相关领域。这就像是在说：‘这个方法在这个领域行得通，如果我们把它运用到那里，在新的环境下会发生

什么？'" [9]

在第二步的过程中，这些知识库之间的空白会更加明显。当你开始弄清楚如何围绕一个话题进行思考，特别是如果你一直关注这个话题的研究边界，就会逐渐发现那些专家没有问到的问题了。所以，如果你意识到自己问出了巧妙的问题，就可以跟随这些问题去探索了。

这也是为什么我们要跟随自己的好奇心去研究一个话题。跟随我们与生俱来的兴趣，可以创造必要的条件来培养约翰逊所说的慢直觉。但需要注意的是，这个方法有一个缺点：你没法靠这个方法去达到一个“标准”目标。如果是别人在做研究，你可以运用这些技巧并产出一定的结果，但因为研究体系不是你自己定的，所以最终达到的目标也会不同。还记得我们的出发点吗？在愿意就一个主题公开发表观点之前需要做出的努力。愿意公开发表观点，意味着你有坚实的核心思想基础，在这个基础上还有一些新的想法。

在第一步，我们通过读书打下了基础，此刻，在第三步，我喜欢去看看博客、杂志文章、演讲之类的材料。我们在之前的内容中提到，每天花 10~20 分钟在我们感兴趣的想法中“尽情遨游”。此处可以采用类似的方法。

比如，假设你对动物行为感兴趣。从动物行为来看，更高层面的一个类别是生态系统行为，那就去研究其中的空白吧。了解整个生态系统的运作机制，可以帮助我们更加充分地理解系统中的各个独立模块是如何工作的。或者你可以站在更高层面上进行研究：动物构成了生态系统，但生态系统只是生态网络的一个具体体现。如果我们在研究生态网络行为的基础上去研究动物行为，会得到什么结果？你可以去填补这个问题的空白。

由于研究领域划分得越来越细，专业知识往往会随着时间的推移而形成孤岛。因此，最有趣的话题往往出现在不同研究类别之间的缝隙中。这些就是你要找的空白。当你围绕一个话题展开研究时，往往会陷入这些缝隙，苦苦挣扎。你所追求的正是这种挣扎——慢直觉就是在这个过程中真正显现出来的。如果你忽然发现自己有很多问题，却没有找到多少答案，别急，因为本来就应该是这样的。你现在好不容易跌跌撞撞地找到了地图上真正的空白地带。而且，如果你在这个过程中没出错，那么你会猝不及防地被无人知晓答案的难题困住，因为你正是跟随着自己的好奇心才来到这些空白地带的。因此，你最终要自己去寻找答案。

伴随着这种挫败感，真正的学习才刚刚开始。

第四步：不断提问

这条建议与真相过滤器这个概念的原理如出一辙。还记得记者的标准信条吗？有三个消息来源印证即为事实。这意味着，如果三个人分别告诉你同样的事情，那么你就可以相当肯定那件事确实发生过。但是，正如我之前提到的，当我打电话给第五位专家时，发现了一些不寻常的事情——我得到的答案与之前的所有答案都不一样。

这就是为什么要不断提问。这意味着，在这个过程中，你要开始寻找答案之间的冲突。找到那些与你已经请教过的专家意见相左的专家。当你发现你自认为了解的一切实际上并非如此，那么你就把自己摆在了正确的位置上。

现在，你已经处在正确的位置上了，尝试去解决你所遇到的难题吧。当然，你偶然发现的谜题完全有可能是没有答案的，这也没关系，此时的目标是就答案给出自己的看法。选择一方，然后捍卫这一方。你应该具备说出下面这些话的能力："专家往往不同意这一点，但我自己认为……"然后解释为什么你会有这样的观点。

就我个人而言，在感受到这种启示性的挫败之前，我并不认为自己已经真正搞懂了一个话题。如果我的立场从未彻底调换过，说明我下的功夫还不够。

第五步：找到叙事结构

我们的大脑天生会把因果联系起来，这是一种生存机制。如果我们能基于"是什么"回溯"为什么"，就能学会预测未来。这就是大脑喜欢叙事的原因，因为叙事是一种更大规模的因果关系。

然而，无论多大规模的因果关系，其背后的生物学机制都是一样的。

把因果联系起来，就是模式识别。为了奖励这种行为，我们会分泌少量的多巴胺。多巴胺带来的乐趣可以强化“是什么”和“为什么”之间的关联，从本质上提升学习能力。例如，20世纪90年代末，剑桥大学的神经科学家沃尔弗拉姆·舒尔茨做了一项实验：给猴子一杯它们最喜欢的果汁作为奖励，然后观察它们大脑中的多巴胺水平。[10] 在实验刚开始时，只有当猴子真正喝完果汁后，它们的大脑才会释放多巴胺。随着时间的推移，多巴胺会提早出现，例如，实验室的门刚被打开时猴子便会大量分泌多巴胺。在实验进入尾声时，猴子的多巴胺甚至会更早出现激增——当它们听到实验室门外走廊上的脚步声时就已经分泌多巴胺了。

本质上，舒尔茨的实验证实了多巴胺对学习的作用。每当我们得到一种类似那杯果汁的奖励时，大脑就会搜索最近的经历，寻找可能触发这种奖励的因素，即导致结果的原因。如果不断重复这种模式，当我们再次注意到这个原因时，就会分泌更多的多巴胺。接下来，我们会进一步追溯原因——在我得到果汁之前，实验室的门打开了，这个人进来了——然后分泌更多的多巴胺强化这些额外的关联。

现在我们已经完成了五个步骤中的第五步，我们需要利用好这种精密的神经生物学机制。我们的目标是将最初少量分泌的多巴胺（源自这个过程前四个步骤中的模式识别）与叙事构建和社会支持产生的更大的多巴胺冲击（以及一系列其他神经化学物质，我们接下来会对此进行讨论）结合起来。[11] 这样才能真正将新信息固化在长期记忆中。

因此，此刻需要再次公开发表你的见解。

对我来说，确认自己已经学会某些知识的唯一方法，就是把我学到的知识编成故事讲给别人听。实际上，我会讲给两个人听。我的第一位听众对我谈论的话题一无所知，而且通常对这个话题有点厌烦。我发现家庭成员是非常合适的人选，不过陌生人也可以达到同样的效果。如果我能够将自己所学到的所有知识转变成足以吸引那些有敌意的听众的注意力的故事，同时还能传达故事的关键信息，那么通常我就会觉得自己已经成功了一半。

我的第二位听众是一位专家。我往往会寻找一位在我出错时能够直言的专家。如果我能同时满足这两位听众，那么在此过程中就能产生足够的多巴胺来巩固自己的知识——从本质上说，我已经掌握了这些材料。同时，我也会觉得已经找到了表达自己观点的方式，而且可以无所畏惧地在公共场合表达自己的观点了。如果你已经经历了这个过程，那么你也应该有这种感觉。

我们之所以能建立这种自信，是由神经生物学机制决定的。通过将自己的学习成果转化为所谓“叙事”的因果关系链条——编成故事讲给别人听——你会识别出更多的模式，释放更多的多巴胺。再加上公开发表观点所激发的神经化学反应释放的其他物质，即因冒险而额外产生的多巴胺、因兴奋产生的去甲肾上腺素、因紧张产生的皮质醇、因社交活动产生的 5–羟色胺和催产素，你就拥有了一个强化记忆的神奇工具。[12]

最后要注意的是，人们在使用这项技能时会遇到两个共同的问题。第一个问题是，读完前五本书就自以为学有所长。在武术界，人们总是说，黄带和绿带——进阶初学者和中低水平者——是最危险的学习阶段。这个阶段的学生自认为对实战已经了解透彻了，经常想要找人试试身手，结果往往被人打得落花流水。学习也是一样。围绕某个话题读五本书可以打下良好的基础，但不要误以为自己已经学成了。

第二个问题同样不易察觉。如果你实践了这五个步骤，就很可能对所有尚未了解的东西产生强烈的求知欲。请对此抱有期待。专家们常常觉得在研究自己的课题时不如新手那样机敏。他们对自己不知道哪些问题心知肚明，也明白还有很多自己没有意识到自己不了解的事物。这个事实会令人望而生畏。知道得越多，就越感到自己的无知，这可能会让人失去动力。但是，你应该充分利用这一点。新发现的知识缺口是好奇心的基础，所以，你需要跟随好奇心再去阅读五本书，然后不断重复这个过程。

第 11 章

学习新技能的方法

从学习新学科到学习新技能，现在我们进入这个过程的第二步。为了帮你迈出这一步，我请教了畅销书作家、天使投资人、杰出的“生活黑客”蒂姆·费里斯，他和我认识的所有人一样，对如何更快地掌握技能有深入的研究。[1]

几年前，蒂姆引领这项研究达到了一个新的高度，他开始在一些非常艰苦的条件下学习 13 项非常困难的技能，包括演奏乐器、驾驶赛车以及学习一门外语。在不识谱、不懂节拍的情况下，蒂姆给了自己 5 天时间，尝试学会在舞台上面对观众现场表演打鼓。“警察”乐队的鼓手斯图尔特·科普兰成了他的老师。为了给最终的技能测试增加趣味性，蒂姆说服了古典摇滚乐队“外国人”乐队，让他在乐队的一场座无虚席的演出中充当鼓手。

蒂姆在学习巴西柔术时也做了同样的事情：花 5 天的时间学习，然后参加一场擂台赛，与世界冠军决一死战，以测试学习效果。在学习扑克时，作为最终的测试，他参加了与顶级职业选手的比赛，甚至还押上了几十万美元作为赌注。

换句话说，这是一种全面探索快速习得技能的外部可能性的实验，它后来被称为“蒂姆·费里斯实验”（可以在 iTunes 上下载）。正如蒂姆解释的那样：“（这项实验）是为了颠覆人们对成人学习的种种误解。人们通常认为，对一个成年人来说，学习一门外语或者演奏一种乐器是很困难的，培养真正的专业技能需要多年的实践。这些观点并非事实。这些实验旨在告诉大家，在不需要成为超人的情况下如何获得超人的成就。”

蒂姆总共做了 13 项实验，如果你仔细观察，就会发现这些方法之间有一些相似和共通之处。当然，从表面上看，他所做的另外两项实验——学习冲浪和学说塔加洛语，似乎是截然不同的两件事。

然而，它们也有共通之处，而这正是我们所追求的。

例如，在几乎所有的学习情境中，都需要控制恐惧感。这意味着，蒂姆从冲浪运动员莱尔德·汉密尔顿那里学到的让自己镇静下来的技能——他曾试图一周内学会在一人高的海浪上冲浪，而大多数新手需要几年才能学会——在牌桌上一掷千金时也绝对适用。在观众面前演奏打击乐器时，这些技能也能派上用场。

因此，当蒂姆接触一项新技能时，他做的第一件事就是寻找共性。他会拆解学习过程，将它分解成彼此独立的不同部分。这样做是为了找到需要学习的知识，同时找到需要避免的常见错误。

接下来，他会寻找有共性的部分，也就是那些经常用到的技能，它们可以发挥出最大的价值。例如，大多数流行歌曲是由四到五个和弦构成的，在学习音乐的道路上，掌握这些和弦比学习其他任何一套音乐技巧都更有效。

“掌握五种和弦”的学习方法是“帕累托原则”的一个典型案例，这项原则有时也被称为“80/20 法则”，其理念是：80% 的结果来源于 20% 的行为。要将这一原则应用到学习中，你需要在学习一项新技能时把努力集中在真正重要的那 20% 上。想想每首流行歌曲中使用的四五个和弦吧。

要确定这 20%，你需要进行调查，简化学习内容，从删除无关的内容开始。例如，当蒂姆给自己一个星期的时间来掌握巴西柔术时，他并没有试图学习所有技巧，而是专注于一种锁喉技巧——断头台锁喉。然后，他学会了在每一个可能的位置使用这种锁喉技巧，无论是在进攻中还是防守中。这个锁喉技巧对他来说就是那 20%，掌握这一技能就能应对 80% 的状况，短短 5 天的努力就能获得这样令人难以置信的回报。

更重要的是，蒂姆只花了 5 天的时间来学习，而你可以用更长的时间学得更好。而且，即使是花费数月时间，从长远来看，这种 80/20 的技能习得方法也绝对会节省你的时间。

但有一点需要注意，如果你想学习的是能够帮助你更快地从初级成长到更高级别的技能，80/20 法则会让你事半功倍。例如在针对弱点进行的训练中，这个方法就很合适。但它并不适用于掌握任何对你的宏大变革目标至关重要的技能。

例如，我永远不会考虑用 80/20 法则去学习任何与培养心流相关的技巧，因为培养心流是我的核心任务。但我会用这个法则去学习必要的法律术语以理解商业合同，因为有这些知识才能让我与我的律师无障碍地交谈。如果我的律师也用 80/20 法则学习法律术语——好吧，那就完蛋了。

如果你要学习的技能或信息是为了服务于你的宏大变革目标的，那么你必须做到完全掌握，这才是你的真正目标，而这需要的学习量远远不止帕累托原则所要求的 20%（如果你想知道原因，可以参考前文中加里·克莱因列出的专家看得见但其他人看不见的知识类型清单）。也就是说，坚持把注意力集中在学习那 20% 的信息上，会产生 80% 的效果，而且重复使用这个方法绝对会缩短精通某项技能需要的时间。蒂姆认为，这种方法可以让你学习一年半的时间就能获得真正的专业知识，或者说，比所谓的“一万小时定律”还要快八年半。

现在，我们可以认为蒂姆的实验很糟糕——他遭遇了挫折，尤其是当他试图在一周内学会跑酷时甚至摔断了骨头，但这就是问题的关键。“你看，”他说，“我并不擅长学习。我小时候外语学得很差。我直到 30 岁才学会游泳。但正因为如此，我才知道这个方法管用。如果我能做到，任何人都能做到。”

第 12 章

训练你的核心优势

到目前为止，我们一直在探索与学习有关的技能和元技能。在这里，我想暂时转移焦点，讨论一下你到底需要学习什么。你需要学习三类技能。

首先是显而易见的技能。如果你追求的是高且有难度的目标，那就学习所有你需要学习的技能来实现这些目标。

其次是令人不愉快的技能。在前面几章，围绕如何培养针对弱点进行训练的坚毅力，我们进行了讨论。不管怎样，培养坚毅力都需要掌握新技能或新知识，所以这也是你需要学习的。

最后，我们需要把注意力转向硬币的另一面，关注我们的核心优势。学会识别我们的核心优势，确切地说就是识别那些我们最擅长的事情，然后学习如何在这些方面做得更好，是达到巅峰表现的基础。从 20 世纪 40 年代开始，从卡尔 · 罗杰斯和卡尔 · 荣格到马丁 · 塞利格曼和克里斯托弗 · 彼得森，众多心理学家都认为，定期使用我们的核心力量是提升生活中的幸福感及增加心流体验的最好方法之一。[1] 事实上，塞利格曼认为，增加心流体验的最好办法是尽可能多花时间去参与那些能够发挥我们五大优势中的一项或几项的活动。[2]

在心理层面上，发挥我们的优势——在我们已经很擅长的方面做到更好——会提升自主性和掌控感这两种更为强大的内在驱动力。反过来，这些驱动力会增强我们的信心、专注力和参与度，这三者结合起来就能提升学习能力，培养心流。最后，由于心流进一步增强了学习能力，这会强化我们的优势，进而开始良性循环。

从神经生物学的角度来看，优势似乎有许多不同的功能，其中最重要的一种是促进多巴胺分泌。我们喜欢游刃有余的感觉，这会产生多巴胺，让我们集中注意力，强化动机，并帮助我们在已经擅长的事情上做得更好。

许多研究人员还认为，我们的优势起到了一种“感觉门控”的作用，可以帮助大脑决定哪些信息需要被有意识地处理，哪些信息应该被剔除。我们喜欢游刃有余的感觉，也喜欢做得更好，所以任何有助于此的因素都会被打上重要的标签，然后被有意识地处理。[3]

然而，优势训练对心理学来说还是一个新概念，所以，关于有多少可以训练的优势尚未有定论。塞利格曼和彼得森在最近一本关于该主题的书中列出了 24 个核心优势，盖洛普公司开发的克利夫顿优势识别器（Clifton-Strengths）提出了 34 个优势，而优势测评（Strengths Profile）项目则包含了 60 种不同的潜在优势、劣势和习得行为。那么，你应该相信谁的判断呢？

我的回答是：相信你自己的判断。当然，如果你想了解塞利格曼和彼得森的思想，他们的网站（www.viacharacter.org）提供了一个包含 240 个问题的免费诊断。诊断结果是保密的，可以直接发送到你的邮箱。你也可以在网上找到克利夫顿优势识别器及其简介，还有其他线上评估。[4]但解决这个难题的一个更简单的方法是从你自己的过往中寻找答案。

从你取得的五个最大的成功开始，也就是你最引以为傲、对你的生活产生最大积极影响的五个成就，然后对它们进行逐一分析，寻找帮助你取得胜利的所有关键力量。最重要的是寻找独特性，不要只是在你的清单上写“毅力”，要写出具体的毅力类型。如果你的成功是因为愿意反复去图书馆收集尽可能多的关于某个主题的信息，那么“对知识的严谨”比“毅力”更为准确。

写完这个列表，接下来就要寻找交叉点。在这本书的开头，我们确定了自己的核心激情与核心使命感相交之处，然后利用这些信息确定了宏大变革目标、高且有难度的目标和明确目标。在这里，我们希望通过找到自身优势与动机组合的匹配之处，进一步推进这个过程。

假设你的宏大变革目标是“终结世界饥荒”，你的一个高且有难度的目标是推进垂直农业领域的发展，接下来，你就可以借助自己的优势去完成每天的明确目标。如果你有很强的人际交往能力，比如团队合作能力、社交能力和领导能力，那么参加社区活动比安静地待在实验室更适合你。

一旦确定了与你的宏大变革目标相匹配的核心优势，你就可以参照塞利格曼的建议，试着在一个有意义的环境中——比如家庭环境或者工作环境——用一种新的方式每周使用一次这种优势。[5] 花 2~3 个月的时间对一种优势进行强化训练，然后再训练另一种优势。在一年的时间里，你会发现许多与宏大变革目标直接相关的优势。这才是真正的目标。如果你能利用核心优势朝着你的人生使命努力，就会大大增加你生活中的心流体验。同样，你会走得更快、更远。

这就回答了这个问题——我应该学什么？学会打磨你的利剑，学会利用你的长处来推进事业。如果我们学习的知识能让我们做真正的自己，就能加快前进的速度。工作会完成得更快，最终你会有更多的收获。

第 13 章

训练情商的方法

本书的核心是探讨极致创新这个问题。如何才能将你的人生游戏推至前所未有的高度？怎样才能做到从未做到的事？或者，更实际地说，如何才能长时间保持巅峰表现，以完成一系列高且有难度的目标？

密歇根大学的心理学家克里斯托弗·彼得森给出了一个答案。他认为，积极心理学大部分课程的结论，一言以蔽之："关心他人。"[1]彼得森在陈述一个事实：如果你想提升幸福感和整体生活满意度，就需要让他人进入你的生活。社会支持——爱、同理心、关心、联系等——是心理健康的基础。彼得森在《今日心理学》（*Psychology Today*）杂志的一篇文章中解释说："这听起来像是一张车尾贴，但它实际上是对积极心理学研究所揭示的广义美好生活的一个优秀总结。"

如果你对跨越不可能感兴趣，这一点尤为正确。

当我们陷入困境，大脑会根据我们亲密关系的质量和数量做出基本的风险评估。如果你身边的朋友和家人会帮助你解决问题，那么你解决问题的潜力就会显著增加。大脑将这种情况视为有趣的挑战，而不是危险的威胁，所以会分泌多巴胺。大脑会释放少量多巴胺，让你做好迎接挑战的准备。

但如果你必须独自面对这种情况，没有情感支持或外界帮助，你成功的可能性就会降低，同时感到更加焦虑。你得到的不是多巴胺，而是像皮质醇这样的在压力下才会分泌的化学物质。这些化学物质会破坏你的表现，因此，如果你想挑战不可能，就需要让其他人参与进来，以满足神经系统的基本生物学需求。

同样重要的是，在追求梦想的旅途中，你会遇到其他人。有时这些人意味着障碍，有时他们意味着机会，但无论在哪种情况下，很少有人能够独自完成不可能的事情。仅仅出于这些原因，你的巅峰表现技能列表就必须包括人际关系技能，如沟通、协同与合作。

当然，这听起来很自私。但关键是，如果你的目标是打破不可能，那么培养高情商对于提高成功概率至关重要。

情商，简称 EQ，它是一个总称，用来描述我们准确感知、表达、评价、理解及调节自己和他人情绪的能力。在心理学术语中，它指的是动机、自我意识和自我控制等个人技能，以及关心和移情等人际关系技能。神经生物学术语对情商做出了一些解释。[2]

首先要明白的是，直到最近几年，我们一直对此知之甚少。伯尔赫斯·弗雷德里克·斯金纳和行为主义学派长期认为，情绪不该是严肃的科学家研究的话题，[3]因为这个话题似乎是一种“软科学”，过于主观了。但在20世纪90年代，大脑成像技术得到了改进，科学家开始绘制出我们基本情绪的神经元通路。[4]这项工作结束了长达半个世纪的争论，并引导科学家发现了前文中提到的七种存在于所有动物（包括人类）脑中的情绪系统。

“系统”是一个关键词。情绪并非来自大脑中的任何单一位置，相反，它们是由这七个核心网络产生的：恐惧、性欲、照料、游戏、愤怒、探索、惊慌/伤心。每一种网络都是一个通过大脑产生特定感觉和行为的电化学通路。因此，从神经生物学的角度来看，情商可以被认为是有效“管理”这七个网络所需要的认知能力。

同时，人们对完成这一任务需要调用哪部分大脑组织也越来越有共识。相关的大脑结构包括一系列更深层次的大脑区域——丘脑、下丘脑、基底神经节、杏仁核、海马和前扣带皮层（ACC），以及前额叶皮层的三个区域——背外侧前额叶皮层、腹内侧前额叶皮层和眶额皮层。但是，这个列表还远远不够完整。[5]从实际意义上来说，情商训练包括学习识别这些区域发出的信号，并学习对其采取相应行动或不采取行动。

学习这些技能有充足的理由。

在对数十个领域进行的数十年的研究中，情商仍然是高成就的最明显指标之一。从心情愉悦到良好的人际关系，再到绝佳的成功机会，高情商与一切息息相关。正如记者南希·吉布斯曾在《时代》杂志上说的：“你因智商受聘，因情商升迁。”[6]

这就引出了我们在学习力这部分需要掌握的下一个技能：提高情商。要达到这个目标，最好先打好基础。

研究人员将情商分为四个范畴：自我意识、自我管理、社会意识和关系管理。[7]前两个类别，即自我意识和自我管理，指我们与自己的关系。自我意识通常被定义为对自身感情、动机、欲望和性格的了解，而自我管理则指对自身行为和幸福负责。

后两类，即社会意识和关系管理，指我们与他人的关系。社会意识指有能力理解他人的人际斗争以及更广泛的社会问题。关系管理指的是你的人际沟通技巧。

你在第一部分了解的许多技能，都是训练这四个类别所需要的。例如，意志力部分所涵盖的正念练习就是拓展思想和情绪间隙的最好方法之一，它能让你意识到前者，控制后者。再举一个例子，培养激情和目标设定练习，可以扩大自我意识，强化动机，后者正是一种自我管理技能。

更重要的是，大多数自我意识或自我管理策略都有一个基本的共性：意识的“自动驾驶”模式（autopilot awareness）。正如威廉·詹姆斯指出的，人类是习惯的机器。他把习惯称为“社会的大飞轮”，近期的更多研究也支持了这一说法。[8]我们现在知道，我们所做的事情中有40%~80%是出于习惯而无意识地自动完成的。[9]这是大脑储存能量的策略，但是，这一特性也可能对我们的生活造成严重的破坏——特别是我们养成错误习惯的时候。

因此，你可以借鉴蒂姆·费里斯的著作以及80/20法则，通过开发意识的“自动驾驶”模式来提高情商。如果你能注意到自己下意识的反应，就能开始做出选择。这个下意识的反应是正面的还是负面的？是一个有益的习惯还是一场即将发生的灾难？如果我们注意到自己的模式，就能打破这些模式，创造出更好的模式。事实上，很多与情商有关的大脑结构都位于有助于我们改写自动行为的前额叶皮层，因此，至少在理论上，训练它并不难。

一个简单的开始方法是，在你说话、行动或做出反应之前停下来喘口气，尤其是在情绪高涨的情况下。在这个停顿间隙，弄清楚你的动机，问问自己为什么要这么做，然后评估一下你的反应。对自己的缺点负责，监督并改写消极的自我对话，丰富你的情绪用词。不要逃避最后一条。让自己用更精确的语言将感受细节一点一点描述出来，拓宽你的感受视野。“我的语言的界限，”路德维希·维特根斯坦提醒我们，“即我的世界的界限。”[10]

我们也可以参照 80/20 法则来处理同样重要的情商公式的后半部分：社会意识和关系管理。为了做到这一点，我们将关注研究人员在这两个类别中最常强调的两种技能：积极倾听和同理心。

积极倾听是让双方的存在感紧密联系的艺术，是带着真诚的好奇心倾听而不对听到的内容做任何批评或表扬。不去异想天开，不去想接下来你会有什么连珠妙语。耐心是关键。真诚的关系意味着耐心地听对方说完，在此过程中只问需要澄清的问题。许多专家建议对谈话内容进行总结，这样既能加强沟通，也能加强社会关系，确保双方都能感觉到被对方理解。

积极倾听也与我们一直采用的其他效能策略相一致。它会自动激发好奇心，向我们的身体系统释放少量多巴胺和去甲肾上腺素。这些化学物质提高了注意力，启动了学习进程，并给我们创造了最好的机会，让我们找到所听内容与自己原有思想之间的联系，从而创造出模式识别的条件（以及释放更多的多巴胺）。这些释放到我们体内的神经化学物质，让我们更有可能进入心流状态，这就是为什么北卡罗来纳大学的心理学家基思·索耶将“积极倾听”定义为一种心流触发机制——我们后面会继续讨论这个话题。[11]

现在，让我们把目光转向下一个技能：同理心。

练习分享和理解他人感受的能力是提高情商最快的途径之一。培养同理心可以提高自我意识和社会意识，使我们更能理解自己，也理解自己对他人的影响。这可以提升个人效能，同时在社会层面提升沟通和协作效率。

近年来，科学家在探究同理心方面取得了重大进展，同时逐渐意识到，这是一种很容易训练的技能。

由于一系列尚未完全研究清楚的原因，“动作共振会导致情感共鸣”。这意味着，当我们看到别人做出某个行为或经历某种感觉时，我们的大脑中与之相对应的区域也会活跃起来，就好像做出这个行为或经历这种感觉的人是我们自己。[12] 这是自动发生的。我们可以利用这个生物学事实来训练同理心。

为此，研究人员确定了两种关键策略：想象和冥想。想象意味着把那句老生常谈付诸行动——站在别人的立场上，扪心自问有何感受。从这个问题开始，问问你自己：如果这事发生在我身上，我会有什么感觉？从不同的角度考虑，这样你就能理解这种情况可能产生的所有情绪。此外，认真感受由此产生的情绪，找到产生这些情绪的身体部位。注意情绪的特点和深度。你的感觉是刺痛还是钝痛？是颤抖还是沉重？最重要的是，注意情绪是如何影响感知的。

第二种拓展同理心的策略是“慈悲冥想”。哈佛大学心理学家丹尼尔·戈尔曼和威斯康星大学心理学家理查德·戴维森进行的一项研究表明，练习 7 个小时的慈悲冥想，可以显著提高练习者的移情能力，并在其大脑中引发永久性的变化。[13] 7 个小时后，岛叶和颞顶叶的活动增强了，前者是帮助我们检测情绪的大脑结构，后者是让我们从不同角度看待事物并有助于产生同理心的大脑结构。

要练习慈悲冥想，只需要找一个安静的地方，坐下来，闭上眼睛。想想那些善待你的人，那些让你心存感激的人。默默地祝福他们，愿他们平安、快乐、健康、幸福。接下来，对你爱的人也加以祝福，主要是家人和朋友。向其他人也致以祝福，比如同事、熟人、陌生人、干洗店的男员工、帮你修电脑的女士。最后，把同样的祝福送给自己。

研究表明，每天练习 20 分钟，坚持两周就能极大地提升同理心。同时，请密切关注结果。正念冥想练习（包括这种慈悲冥想练习）的一个固有困难是因果之间的遥远距离。今天我们静静地坐了20分钟，五天后我们与妈妈打电话时语气更加和善了，要去感受这种改善的程度，并对结果进行记录。要相信练习是有效的，这对维持动机至关重要。

此外，当涉及工作时，不要只采用慈悲冥想，把想象和冥想结合起来会产生最好的效果。当我们设身处地为别人着想时，尤其是当那个人处于特别痛苦的境地时，大脑就会做一些狡猾的事情，因为我们不喜欢痛苦——即使并不是我们自己在遭受痛苦——大脑会通过屏蔽他人来减轻我们的痛苦。正如丹尼尔·戈尔曼在为《快公司》(*Fast Company*)撰写的一篇文章中所解释的："(这)是在让你变得冷漠，而不是友善。"[14]

但有一个简便的解决办法。

马克斯-普朗克研究所的科学家们发现，将移情想象练习与慈悲冥想相结合，实际上可以改变由他人的痛苦所激活的神经元回路。当母亲对孩子的痛苦做出反应时，并不会屏蔽对方的痛苦，母亲大脑中被激活的神经元回路与孩子大脑中被激活的神经元回路相同。这不仅能打开大脑内置的"隔断阀"，还能更快地建立同理心。[15]

当我们把积极倾听和更深刻的同理心结合起来时，就会从积极的社会互动中得到让自己感觉良好的神经化学物质：多巴胺、内啡肽、催产素和5-羟色胺，这会让人非常愉悦。这就是为什么情商一贯是高成就的一项指标。这意味着我们的行为和情绪都在推动自己对不可能的追求。

第 14 章

成为高手的最短路径

如果我们不去了解心理学家安德斯·埃里克森所谓的“一万小时定律”，这一章就算不上对学习的研究。这条定律认为，说到巅峰表现，天赋是虚无缥缈的，训练才是关键，而且不是随便什么训练都行。

埃里克森的研究表明，要想精通某一领域，需要一万小时的“刻意练习”。[1] 练习是有意为之的，因为它要满足三个条件：学习者能得到关于最佳方法的明确指示，能获得即时反馈和成绩结果，可以重复相同或非常相似的任务。简而言之，埃里克森的研究结果认为，应该尽早地进行专业化训练，同时反复进行大量的练习。

这些研究成果已经产生了实际效果。《剑桥专业知识和专家表现手册》（*The Cambridge Handbook of Expertise and Expert Performance*）将其奉为经典，类似马尔科姆·格拉德威尔这样的作家又将其推广开来。[2] 这些研究成果还催生了一批忠诚的拥护者："虎妈"或"直升机父母"，任君挑选。然而，这里有个麻烦，那就是早期的专业化训练并不能产生任何接近其设计初衷的专业知识。

对于年幼的孩子，这种方法经常会让他们放弃曾经试图学会的活动。[3]对于成年人来说，这种影响同样是破坏性的。在年长的学习者中，极端的专业化容易使人视野狭窄，过度自信，对大多数事实视而不见，同时过于依赖他们所知道的少数事实。这就引出了对"一万小时定律"的三大挑战。

第一个挑战是由埃里克森本人提出的。[4]当时马尔科姆·格拉德威尔出版了《异类》(*Outliers*)，这本书使"一万小时定律"广为人知。埃里克森指出，虽然他学习过一些具体领域的专业知识（"一万小时定律"最初来源于一项针对小提琴演奏者的研究），同时他的发现也在其他领域得到了印证（比如高尔夫球），但这些发现绝非适用于任何领域。此外，一万小时是随机案例的平均值。格拉德威尔之所以选择一万小时，是因为这是一个 20 岁的顶级小提琴手练习的平均时长。如果他选择了年龄为 18 岁或 22 岁的研究对象，结果就会大不相同了。[5]总之，对于大多数人来说，精通一门学问需要的时间远远超过一万小时。有时候，在某些领域，某些人可以更快地达到这个目标。但埃里克森认为，他的研究发现并不能作为学习专业技能的硬性指标。

第二个主要挑战源自我写的《超人的崛起》，这本书研究了极限运动的运动员在过去 30 年里所取得的前所未有的进步。在这一时期，这些运动员比历史上几乎任何其他群体的人完成的不可能的壮举更多。但令人费解的是，这些运动员没有遵守“一万小时定律”就取得了傲人的成绩，而且，他们也没有遵守任何通常与巅峰表现相关的规则。[6]

在过去的50年里，科学家们把注意力转向卓越和成就时发现，有三个因素发挥了巨大的作用：母亲、音乐家和棉花糖。从本质上讲，这是三种传统的掌握某项技能的方法。“母亲”反映了学习影响因素中遗传和环境的作用。毋庸置疑的事实是，基因和儿童早期所处的环境对学习和成功都至关重要。[7]“音乐家”则呼应了安德斯·埃里克森为提出“刻意练习”所做的针对小提琴演奏者的研究。“棉花糖”指的是斯坦福大学心理学家沃尔特·米歇尔关于延迟满足的著名实验。[8]米歇尔发现，那些能够抵御即时诱惑的孩子——他们拒绝立刻得到一颗棉花糖，而是选择等待一段时间后得到两颗棉花糖的更大奖励——在以后的生活中会更加成功。以六种不同的衡量标准来看，这是事实。与成绩、智商分数、SAT（美国高中毕业生学术能力水平考试）分数或其他任何东西相比，延迟满足的能力似乎是衡量未来成就的一贯指标。

然而，尽管观察结果如此，但《超人的崛起》这本书中描写的运动员却没有几个拥有这些优势。他们中的大多数都来自破碎的家庭，拥有糟糕的童年，这意味着无论是遗传还是环境都没有起到什么帮助作用。

就一万小时的刻意练习而言，他们也没有花费那么多时间。当然，这些运动员花了相当多的时间打磨技巧，但几乎没有花什么时间去做机械性的重复练习。大多数情况下，这些运动员都是在变化的环境中练习的——崇山峻岭或茫茫大海。在这些环境中，地形每时每刻都在变化，在很多情况下，非要刻意重复练习是不可能的。此外，许多运动员已经放弃了职业运动生涯，因为他们讨厌做那些重复性的训练，而那些训练正是刻意练习的基础。事实上，他们创造了一些术语来描述自己——自由滑雪者、自由冲浪者、自由骑行者，这正是对这种排斥心理的表达。

最后，延迟满足这个问题听上去近乎荒谬。极限运动本就需要即时满足。这些运动员都是“追求刺激”（词典里还有一堆类似的词汇用来形容他们）的享乐主义者。如果米歇尔把他们当作实验对象，他们会毫不犹豫地把眼前的棉花糖吃掉。然而，不知是何原因，尽管他们没有遵循任何传统的卓越法则，但他们仍然成功地改写了关于人类可能性的规则。

“一万小时定律”的第三个挑战是作家大卫·爱泼斯坦在他的著作《成长的边界：超专业化时代为什么通才能成功》（*Range*：*Why Generalists Triumph in a Specialized World*）中提出的。本质上，这本书构建了一个坚实的、反对专业化狂热的论点。

爱泼斯坦在研究中考察了最优秀的人，而不是在某一领域刻意练习 10 年的人，然后得出了相反的结论。数据显示，大多数顶尖高手在职业生涯开始时都有一个广泛的“取样期”，而不是只选择一个主题并坚持下去。这是一段探索期，他们会测试各种各样的新活动，在各种活动之间来回尝试，而且通常没有什么规律或理由。所以，忘掉“早期专业化”和“一万小时理论”吧。爱泼斯坦的研究表明，最快达到顶峰的路径是曲折前进。

那么到底发生了什么呢？一万小时是规律还是例外？我们真的需要几十年的刻意练习吗？有没有更简单的方法或更短的路径？

答案是肯定的，也是否定的，因为并不存在唯一的答案。

匹配质量

我们先来了解爱泼斯坦的发现会更有帮助：通往巅峰表现的曲折道路。为什么最快的路线是曲折的？其原因可以归结为“匹配质量”，经济学家用这个术语来描述技能、兴趣和工作之间的紧密匹配。正如沙恩·麦康基所说的，“干一行爱一行”，就是一种匹配质量的表达。

研究显示，巅峰表现者在开始职业生涯时往往会经历一段广泛的取样期，因为他们在寻找与自己完美匹配的工作。从外部观察，这一时期与早期专业化呈现出完全相反的表现。大多数情况下，这看上去似乎是在浪费时间。“恐龙是宇宙中最酷的东西……哇，漫画书比恐龙有意思多了……咦，网球甚至比漫画书还有意思……”但是，一旦巅峰表现者找到了合适的工作——也就是说，学会热爱他们所做的事情——结果就会像涡轮增压一样威力十足。

数十项研究发现，匹配质量与较高的学习速率直接相关，这使匹配质量成为一个对持续性巅峰表现的更加优质的预测指标。或者，正如爱泼斯坦所说：“当你的能力、兴趣和工作匹配时，匹配质量看起来就像一种坚毅力。”[9]而学习效率提升与坚毅力提升的结合会带来复利，这也是为什么匹配质量作为长期成功的一个预测指标，最终被证明比早期专业化更有效。

例如，在教育领域，类似“启智教育”（Head Start）这样的早期专业化项目会产生显著的“淡出效应”，孩子们会逐渐感到无聊，最终完全放弃这项活动，结果弄巧成拙。[10]在商界，我们也看到了一个又一个类似的案例。在收入方面，虽然早期专业化发展的人士获得了先发优势，但这种优势并不持久。在工作了大约6年之后，那些在职业生涯开端经历了更久取样期的人往往会赶上那些早期专业化发展人士，然后把他们抛在身后。而且，由于早期专业化发展人士缺乏匹配质量，他们往往会产生职业倦怠，甚至转行。事实上，如果你对行政管理感兴趣，而对专业的单一工种没感觉，那么在一个特定领域中涉足不同岗位的数量仍然是衡量首席执行官成功与否的最佳指标之一。[11]

正是由于这些原因，“匹配质量”被纳入了本书。激情练习就是一个强调在实践中学习的长时间取样期。而且，如果你的兴趣是获得匹配质量，那么“做”是关键。试错是自我认知的捷径。我们通过亲身实验来学习自己喜欢和擅长的东西。一系列研究表明，我们无法提前预测自己的喜好或优势。“先行动，再思考”，就是科学给我们的启示。这也是为什么在最后一节中我们认为，为了确定我们的优势，我们要相信自己的过往经历，而不是依赖任何领先的诊断技术。生活，似乎在鲜活的现实中才最真实。

从宏观角度来看，匹配质量是我们五个基本的内在动机——好奇心、激情、使命感、掌控感、自主性——正确组合的标志。正确的动机组合能显著提高注意力，而注意力始终是学习的基础。

这与精力有关。

当我们集中注意力的时候，其实是在选择如何消耗我们的精力。我们正在把有限的神经资源转移到单一的渠道上，为了解决一个问题而过滤掉整个世界。注意力是一种询问：这个问题重要吗？如果答案是肯定的，如果你所关注的事情值得你为此付出精力，那么学习就会是自然而然的结果。这就是这个系统的运作方式，有了匹配质量，就能让这个系统为我们所用。

更多心流体验

如果你真的想了解这些早期极限运动员是如何超越历史上其他人群，取得更多不可能的成就的，匹配质量很可能是脱口而出的第一答案，但完整的答案中绝对少不了心流。

至于原因，你应该已经很熟悉了，那就是神经化学反应。

如果你想更快地拥有掌控感，你需要学会提升学习能力和记忆力。大脑的学习和记忆过程，可以用一个简单的说法来描述：在经历某件事情的过程中分泌的神经化学物质越多，该经历就越有可能从短期储存转变为长期储存。这是神经化学物质的另一项工作——给经历打上这样的标签："重要，留待后用。"

在心流状态下，大脑能够产生的四种到五种甚至六种最强效的神经化学物质会涌入我们的身体系统。它们会打下很多"重要，留待后用"的标签，从而显著提升学习能力和记忆能力。在高级大脑监测公司（Advanced Brain Monitoring）与美国国防部联合进行的实验中，研究人员引导射击初学者进入心流状态，然后将他们训练到专家级水平。研究对象包括手枪射击初学者、步枪射击初学者和弓箭初学者。无论哪一个群体，学生成为专家所需的时间比正常情况减少了一半。[12] 那么，传说中需要一万小时才能精通某项技能的说法该怎么解释？研究表明，心流可以将所需时长减半。

这就解释了《超人的崛起》中的极限运动员是如何以如此快的速度将人类表现推向极限的。他们做了自己喜欢做的事——拥有了完美的匹配质量——而且是以一种能够产生大量心流体验的方式去做的。心流状态及其对学习的影响使得这些运动员在精通技能的道路上有捷径可走。这是一个良性循环，也是通往不可能之路比许多人想象中要短的另一个原因。

当心流体验成为一种奖励时，刻意的、费心费力的学习就会转变为出于习惯和乐趣而自动完成的事情。这是勇猛精进的习惯在学习中的应用。从点亮冒险之旅的第一颗好奇心火种，到永无止境地在掌控感的道路上勇往直前，如果我们能把所有的本能自动化，就能不断地为我们的激情和使命感添砖加瓦。这样，我们才有资格在这场无限游戏中玩下去。不停地学习，就能不停地玩下去。如果你在这场游戏中连续坚持好几年，有一天你可能会注意到，赌注不仅超出了你的预期，还超出了你的想象——毕竟，这就是人们将之称为“无限游戏”的原因之一。

第三部分 创造力

我不吸毒。

我本人就是毒品。

——

萨尔瓦多·达利[1]

第 15 章

创造力的优势

如果你想取得卓越的成就，那么创造力就很重要——创造力是取得伟大成就的起点。

早在 2002 年，21 世纪学习合作组织开展了一项研究，试图了解我们的孩子在 21 世纪茁壮成长需要哪些技能。该组织是一个非营利教育联盟，包括了从苹果、思科和微软的高管到美国全国教育协会和美国教育部专家在内的各行各业精英。当然，这个问题以往的答案是 3R——阅读（reading）、写作（writing）和算术（arithmetic）。[1]那么新的答案是什么呢？是 4C——创造力（creativity）、批判性思维（critical thinking）、协同（collaboration）和合作（cooperation）。

我们在商业领域也看到了类似的结果。早在 2010 年，IBM 公司的研究人员就做出了一项决定，试图更好地了解经营一家公司所需的技能。为了得到答案，他们询问了来自 60 个不同国家、33 个不同行业的 1500 多名企业领导人什么是首席执行官最重要的素质。[2]“创造力”再一次占据了所有答案的首位。

也许最完美的数据来自Adobe公司的“创造状态”研究（State of Create），这是一项于2016年发起的对美国、英国、日本、德国和法国5000多名成年人的综合调查。[3]Adobe没有专注于某个单一的行业，而是提出了一个更普遍的问题：创造力对社会有多重要？

他们发现，创造力对社会非常重要。

总体而言，Adobe发现有创造力的人比没有创造力的人更有成就感、更有动力、更成功，前者的收入比后者平均高出13%。与此同时，在创造力相关领域投资的公司，会在收入增长、市场份额、竞争地位和客户满意度等方面超越竞争对手——也就是说，它们几乎在所有关键领域都占尽优势。而在生活质量方面，有报告显示，有创造力的人的幸福感比没有创造力的人高出惊人的34%。抛开其他方面，这一发现足以让我们重新思考如何应对抑郁症。

最后，当涉及挑战不可能时，创造力扮演着更重要的角色。在追求伟大的梦想时，我们现在所处的位置和想要到达的位置之间很少有直线。事实是，梦想越大，道路就越不清晰。也就是说，在追求巅峰表现的无限游戏中，动机让你开启游戏，学习让你继续玩下去，而创造力才是你掌舵的方式。

这就引出了下一个问题：创造力到底是什么？

破解创意密码（一）

很长一段时间以来，科学家一直在试图回答这个问题，主要是因为他们花了很长时间才意识到这是一个问题。许多古代文化，包括希腊文化、印度文化和中国文化，都没有一个词来形容这种特殊的技能。他们认为创造力是“发现”，因为想法来自上帝，只是由凡人“发现”。[4]

这一观点在文艺复兴时期发生了转变，神赐予的洞察力变成了伟人头脑中被点燃的思想。在18世纪，我们为这种“思想的点燃”赋予“想象力”这个概念，或者叫作“在没有任何感官输入的情况下想到事物的过程”。然后，在20世纪初，法国数学家亨利·庞加莱将这个概念延展为一种过程。

庞加莱对自己的思维如何解决困难的数学问题感到痴迷，他意识到，洞见并非凭空而来，相反，洞见遵循着一个可靠的五阶段循环。[5]几年后，伦敦政治经济学院教授格雷厄姆·沃拉斯更仔细地研究了庞加莱的循环理论。他决定将其中两个阶段合并为一个，并将成果发表在他的经典著作《思想的艺术》（*The Art of Thought*）中。[6]

根据沃拉斯和庞加莱的研究，这个循环从第一阶段“准备”开始，这一阶段确立了一个问题，大脑开始探索该问题的维度。这就开启了第二个阶段“孕育”，在这一阶段，问题从意识转移到潜意识，模式识别系统开始审视这个问题。第三阶段是“明朗”，我们从过往经验中“顿悟”，产生了一个想法，重新回到有意识的思考中。整个循环结束于“验证”阶段，在此阶段，新想法会被有意识地审视、测试并应用于解决现实世界的问题。

1927 年，哲学家阿尔弗雷德·诺斯·怀特海将这一循环命名为“创造力”。[7]1948 年，广告执行总监亚历克斯·奥斯本出版了畅销书《你的创造力》(*Your Creative Power*)，这个词此后便家喻户晓。[8] 两年后，学术界掀起了波澜，心理学家 J. P. 吉尔福特在美国心理学会发表了主旨演讲，他指出，研究人员完全忽视了一个概念——创造力。多亏了奥斯本，现在这个概念才得以广泛传播。[9]

此后，他开始着手改变这一现实。

在这项工作之前，吉尔福特帮助开拓了智商测试领域。在研究过程中，他注意到某些人——有创造力的人——在智商测试中往往得分较低，不是因为他们不能回答测试中的问题，而是因为他们的回答包含了多种解决方案。

吉尔福特为这一过程创造了一个术语——“发散型思维”，这是一种反系统性的、开放性的、完全“不合逻辑”的解决问题方式，这就是问题所在。设计智商测试的目的是衡量与之相反的“趋同思维”，即我们在一个想法上达成一致，按逻辑步骤进行，不断缩小我们的可能性。然而，吉尔福特也意识到，发散型思维并非完全随心所欲。它有四个核心特征：

- 流畅性：在短时间内产生大量想法的能力
- 变通性：从多个角度处理问题的能力

- 独创性：产生新奇想法的能力
- 精细性：组织这些想法并付诸实施的能力[10]

发现这些特点是一项重大突破。他们把创造力——古希腊人甚至没能创造出一个词来形容这种奇怪想法——变成了一种可衡量的品质。你可以让实验对象待在实验室里，让他们解决问题，数一数他们想出了多少点子。你可以比较他们的答案，看看哪些概念出现的频率最高，哪些是惊人的原创。这项研究给我们提供了一种测量工具，也为后来被广泛接受的创造力的定义——“开发有价值的原创想法的过程”——提供了基础。

研究进程在20世纪60年代取得了更大的进展。对裂脑患者（他们的胼胝体在治疗严重癫痫时被切断）的研究揭示了左右半脑的功能差异——语言和逻辑似乎由左脑控制，右脑则控制形象思维和空间感。[11] 这是这个谜题的最后一块拼图。我们得出了答案：创造力是一个过程。要实现庞加莱的四阶段循环，有赖于吉尔福特提出的发散型思维的四大特征，实现该循环所需的能力被储存在大脑的右侧。

至少在一段时间内，创造力密码被破解了。

不幸的是，我们后来发现，这个故事几乎毫无真实性可言，或者说至少不完全是这样。这让我们陷入了一个奇怪的境地。研究告诉我们创造力是卓越成就和高效能的基础，但研究不能告诉我们创造力到底是什么。

这时候，神经科学家出场了。

破解创意密码（二）

从那以后，神经科学家了解到，创造力不是某种单一的东西。这就是那些古老的神话不再成立的原因。

例如，庞加莱提出的创造力循环是事物日常运行的方式，但并非总是如此。你有时候会跳过一些步骤，或者压缩时间跨度。与此同时，吉尔福特提出的发散型思维的四个特征仍然成立，但它们被不断地细分、重新标记和组合。同时，“右脑是创造性的，而左脑是逻辑性的”这一观点并未得到最终论证。创造力需要调动整个大脑，没有任何数据表明你不能有创造性的逻辑或有逻辑性的创造力。[12]

这并不意味着我们一无所知。事实上，由于大脑成像技术的不断进步，我们对创造力比以往任何时候都有更深刻的了解。但在我们开始探索所了解到的知识之前，让我们先从一个更基本的问题开始：大脑的功能是什么？

大脑将信息转化为行动。大脑通过感官和我们自身的内部流程（比如思想和感觉）收集信息，然后通过肌肉将其转化为行动，让我们尽可能有效地发挥最大能量。这也解释了一些基本的大脑结构。来自我们的感官和内部渠道的信息构成了大脑的输入流，而肢体动作构成了输出流。大多数动物的行动选择有限，因为它们的大脑很小。这是个空间问题。在感官输入和运动输出之间没有足够的神经空间，所以它们的脑回路非常紧张，这就是为什么会有“本能”或“反射行为”这样的术语。这也是今天的非洲斑马与古代的非洲斑马的行为非常相似的原因。[13]

但人类绝非如此。

为什么？因为人类的大脑是不同的。我们的大脑皮层比大多数动物都大得多，这赋予我们两个优势。首先，这一额外的空间使得感官输入和运动输出之间存在距离。这意味着我们的大脑空间更大，所以我们不必总是按照“自动驾驶模式”运行，我们有选择。我们可以用大脑的上半部分来抑制自己的本能行为，收集更多的数据，考虑可能性，选择行动或等待……简而言之，我们可以在多种行动计划中做出选择。

其次，大脑皮层的前部，也就是我们的前额叶皮层，可以进行模拟活动。[14] 大脑的这个部位可以让我们进行“时间旅行”，对可能的未来和过去进行实验。它会发出这样的疑问：如果……会怎样？也可能会怎样？原本可以怎样？

从大脑结构的角度来看，创造力总是与选择有关。这就是创造力如此难以理解的原因之一。这是一种隐形的、藏在我们最古老的技能中的技能：探索和执行行动计划。如果探索产生的行动计划与那些古老的行动计划相同，就是出于本能（也是有效的）而非创造性的。如果我们正在制订全新的行动计划，那就是创造性的，但不一定有效。但是，如果我们正在制订既有效（即可用且有价值）又新颖的行动计划，我们就达到了当下标准的创造力的心理学定义——“产生有价值的新颖想法”，而且建立在一个更健全的神经学基础上。[15]

更棒的是，我们已经了解到大脑是如何产生这些有价值的想法的。简而言之，我们已经知道发挥创造力是一个重组的过程。当大脑吸收新信息，将其与旧信息结合，并利用结果产生惊人的新想法时，就会发生这种情况。我们还发现，这种重组过程通常需要三个互有重叠的神经网络的交互作用：注意网络、想象网络和突显网络。[16] 如果我们能理解这三种网络是如何运作的，就可以考虑增强它们的效果，这就意味着我们可以开始训练创造力了——毕竟，这才是重点。

注意网络

如果创造力开始于大脑吸收新的信息，那么我们需要什么来吸收这些信息呢？答案是注意力。正如心理学家威廉·詹姆斯的著名解释："无数事物呈现于我的感官之前，但是只要我对它们没有兴趣，它们就丝毫不能进入我的经验之中。我的经验乃是我所注意的东西。只有我注意到的东西才能塑造我的思维——如果没有选择性的注意，经验就是一种彻底的混乱。"[17]

注意执行系统，有时也被称为"注意力聚光灯"（spotlight attention）系统，支配着詹姆斯所谓的"选择性注意"过程。[18] 这是一种可以让我们高度集中注意力，像激光一样聚焦，从而做出选择的神经网络。我们可以选择关注什么，忽略什么。当你在写文章、听讲座或踢球时，该网络会让你把注意力集中在目标上。

从神经生物学角度来看，该网络由背外侧前额叶皮层、眶额皮层、前扣带皮层、顶叶皮层和底丘脑核组成。虽然这些名词对你来说可能毫无意义，但如果我们了解它们的功能，就会看到一个更清晰的画面。[19]

故事从底丘脑核开始。

信息通过感官输入大脑，通过丘脑被传送到底丘脑核。这一区域的神经元有两个主要功能。首先，它们有助于调节本能行为。其次，该区域也为“注意力聚光灯”系统提供了“聚光灯”的作用——只不过不是以你想象的那种方式。

底丘脑核不会把你想要注意的信息凸显出来，而是会把其他的信息都调暗，本质上排除了所有可能的干扰。想象一下，一百名舞者挤在灯光明亮的舞台上，这种情况下，你很难知道该把注意力放在哪里。但把舞台灯光完全调暗，把聚光灯对准一位舞者，问题就解决了。注意力现在只能锁定目标了。这正是底丘脑核的工作原理。

数据从底丘脑核出发，进入前扣带皮层和顶叶皮层。前扣带的作用是纠正错误。如果接收到的信息与大脑已经做出的预测不匹配，大脑的这一部位会检测到。举个例子，假设你伸手去握门把手。你以为门没锁，但其实是锁着的。一旦你的手遇到阻力——把手无法转动，大脑的这一部位就会活跃起来。这意味着你遇到的现实情况与预测不符，你可能需要制订其他更有创意的计划来走出那个房间。

在注意执行阶段，顶叶皮层发挥了三个功能。它会帮助我们把目光锁定在目标上，使目标与注意力相结合，然后帮助我们实现这些目标，使新的行动计划得以执行。换句话说，如果你想离开派对去开门，而一个朋友正好在叫你的名字，大脑的这一部位会让你的目光锁定在门把手上，然后伸手去开门。大脑的这一部位也会帮助你偏离正在进行的行为，这意味着你不会再继续自己一直在做的事——再喝一杯啤酒，这一次，你忽略了你的朋友，径直回家。翌日早晨，当你醒来，没有因为宿醉而痛苦时，你应该谢谢自己的顶叶皮层。

从顶叶皮层出发，信息会迅速到达背外侧前额叶皮层和眶额皮层。我们一个一个来看。

我们的工作记忆储存在背外侧前额叶皮层。大脑的这一区域主要用于信息的短期储存，在我们收集额外信息并考虑下一步该怎么做时，暂时储存少量数据。

与此同时，眶额皮层主要会通过评估风险和社会认知帮助我们做决定。如前文所述，如果你试图独自解决一个困难的问题，可能存在风险。但如果有一群朋友帮你解决这个问题，风险就没有那么大了。大脑的这一部位会帮助你进行这些社会计算。这一部位也会抑制本能行为，使我们能够做出更有创造性的选择。

当然，除了这五个区域之外，还有很多其他的注意执行系统。尽管本文做了很多简化，我们仍然已经对神经网络是如何连接的，以及这个特殊的网络如何提供创造力所需的注意力有了更多了解。

想象网络

想象网络（这是心理学家斯科特·巴里·考夫曼起的名字），或者更正式地说，默认模式网络，与自发性思维有关。[20] 当我们清醒的时候，该系统处于活跃状态，但不专注于任何特定的事物——研究表明，人类大约 30% 的时间处于这种状态。当这个系统被启动时，大脑便进入了“白日梦”模式，开始对现实进行不同的模拟，并测试创意的可能性。[21]

从神经生物学角度来看，这个系统包括内侧前额叶皮层、内侧颞叶、楔前叶和后扣带皮层。[22] 同样，如果我们把结构和功能结合起来，就能够看到这些部位如何相互协作，形成更大的整体，也就是我们所知的创造力。

内侧前额叶皮层控制着我们的思维，具体地说，是我们思考他人的所思所想的能力，以及创造性的自我表达。[23] 如果你正在给朋友讲笑话，突然间你的朋友开始哭泣，内侧前额叶皮层就会注意到这种哭泣行为，并向你传达一个指令：不要再讲笑话了，要开始安慰你的朋友。

内侧颞叶这一结构与记忆有关，同样，楔前叶也与记忆有关，尽管后者的主要作用是个人记忆的检索。综上所述，在上文的例子中，一旦你做出了停止讲笑话的创造性决定，并开始安慰你的朋友，这两种结构将帮助你搜索之前笑话变得不好笑、朋友开始哭泣时的数据库，目标是找到有用的信息来帮助你决定如何安慰朋友。

楔前叶的作用则更进一步。除了记忆，这一区域还负责处理自我意识、自我心理模拟和随机思想的生成。如果你在讲笑话的过程中忽然想起自己坐在游乐园的过山车上尖叫，觉得在约会对象面前很丢脸——好吧，罪魁祸首就是你的楔前叶。

最后，后扣带皮层会让我们把脑中的各种想法整合成更连贯的整体，本质上是将其他大脑区域产生的所有数据整合成一个想法。

然而，这些大脑区域活动并不能反映全貌。

我们起初分析这个问题，目的是弄清楚这些网络如何一起发挥作用，产生有用的创意。这就是问题所在。在正常情况下，这些网络不会一起发挥作用。

默认模式网络与注意执行网络相互对立。通常情况下，激活其中一个系统就会导致另一个系统失活。但对于有创造力的人来说，情况并非如此，他们可以同时保持两个系统的活跃，并以比大多数人更灵活的方式在两个系统之间切换。

这意味着，有创造力的人可以调动“注意力聚光灯”系统给朋友讲笑话。然后，他们会注意到朋友开始哭泣。这是一个新的信号，聚光灯系统本应强化这个信号，但是恰恰相反，有创造力的人会想起自己坐过山车尖叫的时刻——那是由默认模式网络产生的信号。缺乏创造力的人永远不会注意到这个信号，而是会把注意力集中在哭泣的朋友身上。但有创造力的人可以将自己的焦点转移到这种内部信号上，并保持相当长时间的关注，想起那种尴尬的感觉。突然间，后扣带皮层会把这些想法结合在一起。他们会因为这种尴尬感而意识到朋友为什么哭泣，发觉此时不应该安慰朋友，而应该为那个侮辱性的笑话道歉。

这些信息也让我们看到了接下来该做的事。当我们训练大脑使其更有创造力时，其中一项工作就是强化网络协同激活的能力。

为什么？

当这两个网络被同时激活时，我们可以发挥出三种能力：转化、分解和融合。[24]这些都是创造力背后的技能，能够使我们转化所见，分解所感，并以一种全新的方式将所见和所感融合在一起。但故事还没讲完，实际上还有另外一个网络控制着整个过程，正是因为它的存在，我们才得以在前两个网络之间切换自如。

突显网络

“突显”这个术语，指向的是显著性。[25]物体由于颜色或强度而具有物理显著性，例如一辆闪亮的红色科尔维特车会吸引你的注意力。物体也可以与情绪或个人显著性相关联，比如那辆闪亮的科尔维特车让你想起了你祖父的旧车。因此，突显网络就是注意到这种显著性的大脑部位。[26]

这个网络就像一个巨大的信息过滤器，监视传入的数据，并为其打上“重要”或“无关”的标签。它同时还监控着外部世界和我们的内心世界，这就是突显网络对创造力如此重要的部分原因。

我们的内心世界是模糊的，信号并不总是清晰可辨。大脑中浮现出来的想法和情绪通常都很微妙，而且常常与外部世界更引人注目的输入信息相冲突。突显网络的存在意义就是提醒你，刚刚冒出的想法是个好主意，值得关注。

更重要的是，为了引起你的注意，突显网络控制着我们在默认模式网络和注意执行网络之间切换的能力。它是一个总开关，控制着提高创造力的大门。

为了理解突显网络是如何工作的，我们需要解锁更多的大脑区域，从岛叶和背侧前扣带皮层开始。我们一个一个来看。

岛叶在自我意识中起着重要作用。岛叶从你的身体获取信号，从你的能量水平到情绪状态，岛叶会获取这一切信息，将它们与环境的关键特征融合，然后基于最重要的结果来做决定。假设你正在爬梯子，觉得往上爬的这只脚没踩稳，大脑的这一部位会将这种感觉转化为停止往上爬的决定。

背侧前扣带皮层位于前扣带皮层的上半部分，这一区域负责修正错误。如果本应开着的门被锁上，这个区域就会活跃起来。上半部分处理认知错误，下半部分处理情绪错误。总而言之，当你注意到梯子踏板踩不稳的感觉时，岛叶就会利用这种感觉来吸引你的注意力，而前扣带皮层则会把这种明显的感觉转化成一个“出错了”的信号——不要踩那一脚，有些不稳。

最后，尽管岛叶和前扣带皮层被认为是突显网络的锚点，但另外三个结构同样重要：杏仁核、腹侧纹状体和腹侧被盖区。杏仁核的功能是探测威胁。大脑的这一部位会注意到任何新奇的东西，尽管它对新的危险特别敏感。同时，腹侧纹状体和腹侧被盖区都与动机和奖赏有关。这些部位通常会产生大量让人感觉良好的神经化学物质来完成行为驱动、行为强化等任务。

在创意人员的大脑中，所有这些区域的功能都不同于其他人。[27] 这可以归结为“重复抑制效应”，即对熟悉刺激的不自觉抑制。当你搬到旧金山，第一次看到蜿蜒曲折的朗伯德街时，你的大脑产生了巨大的反应，但当你第二次看到这条弯弯曲曲的街道，这种反应就减轻了。第三次的反应就更小了。到了第四次，几乎没有任何反应，当你走向街角的商店时，朗伯德街只是一个模糊的背景——这就是重复抑制。

但是，有创造力的大脑没有这种倾向，它的重复抑制效应不会发挥作用。[28] 在现实世界中，这可以表现为在旧事物中注意到新事物的能力。

这一切意味着什么？

这意味着，如果你想培养创造力，那么你就需要同时训练这三个网络：突显网络、默认模式网络和注意执行网络。哥伦比亚大学心理学家、创造力专家斯科特·巴里·考夫曼在《大西洋月刊》的文章中写道：“要想获得最佳创造力，你需要让大脑的多个神经网络都开始运转，根据创造力过程的不同阶段灵活地投入或抽离。”[29]

那么，如何启动这些网络？这正是我们下一步要做的。

第 16 章
“黑入”创造力

“黑客入侵”这个词并不怎么光彩。这个术语源于计算机编码领域，指的是某人试图控制计算机系统，通常是为了达到邪恶的目的。后来其词义发生了一些变化，成了“权宜之计”或“捷径”的代名词。这些定义在这里都不适用。首先，我们试图控制的系统是我们自己的神经生物学系统；其次，要保持巅峰表现，没有捷径可走。

所以，当我用“黑客入侵”这样的术语来描述取得巅峰表现的方法时，我真正想表达的意思是：搞清楚如何让你的神经生物系统为你所用，而不是与你作对。这本书自始至终都在强调，这是我们取得高成就的方法。当我们把注意力转向提升创造力时，这仍然是我们要采用的方法。

确切地说，一共有七种方法。

在本章接下来的内容里，我们将把刚刚学到的所有科学知识应用到提升创造力上。我们将确定七种策略来提高产生新奇和有用想法的能力，探索这些策略在大脑中是如何工作的，并研究如何将它们应用到我们的生活中。

策略一：善待你的前扣带皮层

当研究人员谈论创造力时，最常提到的一个话题就是顿悟。这是一种突然领悟的体验，是我们听到笑话、解开谜题或打破扑朔迷离的局面时那个灵光乍现的时刻。然而，尽管顿悟长期以来被认为是创造力之谜的核心，但在20世纪的大部分时间里，它一直是一个黑匣子。

21世纪初，西北大学的神经科学家马克·比曼和德雷塞尔大学的认知心理学家约翰·库尼奥斯找到了一种方法，使这一问题有所突破。[1] 比曼和库尼奥斯给受试者提出了一系列“远距离联想问题”（即顿悟问题），然后用脑电图和功能性磁共振成像来监测受试者试图解决这些问题时的大脑活动。

受试者被问的远距离联想问题是字谜。他们需要根据pine（松树）、crab（螃蟹）、sauce（酱）三个词想出第四个词，它与这三个词都能组成一个完整的新词。在这个例子中，答案是apple（苹果），组成的新词（或短语）分别是：pineapple（菠萝）、crab apple（山楂）和applesauce（苹果酱）。有些人通过逻辑思考，尝试一个又一个单词来解决这个问题；另一些人则通过顿悟来得出答案，这意味着正确答案会直接出现在他们的脑海中。少数人将这两种策略结合在一起。

比曼和库尼奥斯发现了大脑功能的显著变化。在发现一个问题最终能用顿悟的方式解决之前，人们的前扣带皮层活跃性增强了。正如我们前文提到的，前扣带皮层在突显网络和注意执行网络中都发挥着作用，这一部位会通过检测大脑中的冲突信号来纠正错误。“解决问题有多种策略，”库尼奥斯解释说，“但大脑不可能同时使用两种不同的策略。有些想法是强烈活跃的，因为它们是最明显的；还有一些想法很微弱，只和问题有一点点联系，即那些古怪的、不太可能成功的想法。这些想法正是创意。当前扣带皮层被激活时，它可以检测到这些不明显的、微弱的想法，并向大脑发出信号，将注意力转移到这些想法上。这就是顿悟时刻。”

比曼和库尼奥斯在检测影像中发现，当我们思考那些稀奇古怪的想法时，前扣带皮层区域就会亮起。这是因为默认模式网络在搜索可能性，同时，突显网络在检测默认模式活动，随时准备点亮大脑网络发现的任何有趣的想法。但是，前扣带皮层还有最后一步要管，就是如果我们发现什么有趣的东西，前扣带皮层会关闭默认模式网络，打开注意执行网络，以此开启思考的过程。

这就引出了一个关键问题：是什么点亮了前扣带皮层？

答案：好心情。

心情好的时候，前扣带皮层会对稀奇古怪的想法和预感更敏感。[2] 换句话说，如果活跃的前扣带皮层是为顿悟做准备，那么好心情就是为活跃的前扣带皮层做准备。反之亦然。好心情会提升创造力，坏心情则会强化分析性思维。

当我们害怕时，大脑会将我们的选择限制在那些经过验证的正确选项上。这是符合逻辑的、显而易见的、确定无疑的选项，我们知道它们会成功。

当我们心情好的时候，情况恰恰相反。我们感到安全可靠，我们可以给前扣带皮层更多的时间去注意微弱的信号，我们也更愿意冒险。这一点很重要。创造力总是带有一点危险的。新想法会产生问题，它们可能是完全错误的，难以实施，并对现有的一切构成威胁，但这也意味着我们要为消极的行为付出双倍的代价——糟糕的情绪不仅限制了前扣带皮层对这些微弱信号的探测能力，也限制了我们对探测到的信号采取行动的意愿。

好心情是提高创造力的起点，而我们也早已沿着这条路线前行了。每天的感恩练习、日常正念练习、定期锻炼、晚上好好休息，动机部分介绍的这四种活动仍然是人们发现的增加幸福感的最佳秘诀。

这些练习在激发创造力方面还有额外的效果，它们不仅能带来创造力的提升，还是同时解决多个问题的绝佳方法。这也很重要。顶尖高手都很忙，一次不能只解决一个问题，他们总是在寻找具备多用性的解决方案。这四种活动都是多用性创造力的助推器，可以大大增强我们的能力，将新颖的想法变成有用的创意。

感恩可以训练大脑关注积极事物，改变通常带有负面偏见的信息过滤倾向。这能改善情绪，也能增加新鲜感，因为我们已经习惯了消极事物，所以积极事物往往显得与众不同。由于新颖的信息是创意重组过程的起点，感恩行为为突显网络提供了更多的信息原材料，从而产生良好的情绪，进而使得默认模式网络更有可能使用那些材料生成惊人的新想法。[3]

正念可以训练大脑保持冷静、专注，降低反应，从本质上提升执行性注意力。它也会在思考和感觉之间留出一点空间，让前扣带皮层有更多的时间来考虑那些可选的、远距离的可能性。更重要的是，我们采用哪种正念训练。

对集中思考来说，专注的练习效果绝佳，比如跟随呼吸或者重复一个咒语来进行冥想。但是，通常支撑那些远距离联想的发散型思维，则需要一种开放感知式的冥想。[4]在开放感知过程中，不要试图忽略想法和感觉，而是要允许它们在大脑中徜徉，不加评判。你是在告诉突显网络去监控由默认模式网络产生的想法，但不去监控意识流所产生的正常的消极情绪。

与此同时，运动可以降低压力水平，代谢掉我们体内的皮质醇，同时分泌让人感觉良好的神经化学物质，包括5-羟色胺、去甲肾上腺素、内啡肽和多巴胺。这会减轻我们的焦虑，让我们的心情变得更好，同时可以提升前扣带皮层的能力去探测更多遥远的可能性。此外，运动可以让你短暂逃离正常生活，进入庞加莱提出的创造力循环理论的第二阶段——孕育阶段。

最后，良好的睡眠也能带来额外的好处。睡眠可以提高精力水平，提供更多的资源来迎接生活的挑战。由此产生的安全感会改善我们的情绪，增加我们冒险的意愿，这两者都能提升创造力。此外，在孕育阶段，睡眠最为关键。睡眠状态下，大脑有时间去发现各种想法之间隐藏的联系。[5]这就是为什么我们总能听到这样的故事：大半夜突然“有了灵感”。

这也是为什么感恩、正念冥想、锻炼和睡眠是保持巅峰表现的必要条件。最有必要的才是最关键的。当生活变得复杂时，这四种练习通常会被从我们的日程中删除。但研究表明，这是我们最不应该做的选择。相反，你应该好好利用这些练习，因为有了它们，你才能拥有解决复杂问题所需的创造力。

策略二：拓宽你的视野

在这一章的开头，我们讨论了过去对大脑的理解：左右脑各自工作，创造力取决于右脑，逻辑取决于左脑。虽然我们已经了解到，培养创造力同时需要左脑和右脑，但我们也知道两个大脑半球之间存在着真实而关键的差异，而这些差异对创造力至关重要。

最大的区别之一就是部分和整体的区别。大脑的左半边更倾向于关注细节，而右半边则更倾向于关注全局。左脑会关注树木，而右脑会注意到森林。如果我们想要培养创造力，那么就需要学习使用右脑来接收更全面的情况。[6]

这是情绪之所以很重要的另一个原因。在危机时刻，我们会关注细节。我们想知道此时此刻是否有解决问题的数据可用，我们会变得更相信分析和遵循逻辑，更倾向于选择成功率高的、简单的行动计划。

在放松状态下，系统则会向着相反的方向运转。我们的视野会更加开阔，更有可能开始思考更广泛的语境，也更有可能动用右脑。

但这并不意味着好心情是让大脑开始考虑全局的唯一途径。事实证明，广阔的视野也能拓宽注意力。当你的目光看向远方时，你的大脑也会思考得更加长远。这就是为什么置身于大自然与创造性顿悟有着紧密的联系。置身于大自然会让你进入“孕育阶段”，大自然会促使前扣带皮层开始考虑更遥远的可能性。而且由于大自然也能显著地提振情绪，会进一步增强前扣带皮层找到那些广泛关联的能力，并进一步提升创造力。[7]

同理，身处局促狭窄的空间会产生相反的效果。这会缩小我们的注意力范围，让我们只关注部分而不是整体。所以，在现实生活中，不要总躲在书桌后面，要多出去走走，看看周围的世界。必要的时候，反复这样做。

策略三：非时间及独处的重要性

我用“非时间”来描述凌晨四点（我开始晨间写作的时候）到早上七点半（世界开始醒来的时候）之间那段漫长、静谧的时间。这是一段非时间，是一片不属于任何人的黑暗。因为还没到早上，所以这一天的当务之急还没有到来，我有时间享受最极致的奢侈品：耐心。如果一个句子花了两个小时才写好，我也不在乎，因为这是非时间；如果我必须要写五个段落，那就反复推倒重来，反正在非时间里没有时间尺度。

创造力需要这种非时间。

最后期限常常会成为压力来源。[8] 当我们与时间赛跑时，压力会迫使大脑专注于细节，激活左脑，屏蔽全局。更糟糕的是，我们在承受压力的情况下常常会感到紧张。我们常常因为匆忙赶工而不开心，这会使我们的情绪变糟，从而进一步收紧我们的注意力。因此，时间紧迫往往是创造力的克星。

然而，最优秀的人不喜欢工间休息，这就是恢复元气被认为是一种坚毅力的原因，同时也是日程表中需要为“非时间”留出一席之地的原因。在非时间里，你可以随心所欲地做白日梦，同时保持心理距离。白日梦会开启默认模式网络。如果我们的目标是让潜意识找到想法之间遥远的联系，那么就需要开启这个网络。

我们也需要与待解决的问题保持一定的距离，这是非时间如此重要的另一个原因。这种距离使我们得以从多个角度看待事物，考虑他人的观点。但如果我们没有时间保持这种心理距离，远离情绪，暂时从现实世界中抽身，那么我们就无法享受到耐心这种奢侈品，也无法找到其他可能性。

重要的不仅是非时间，独处也很重要。

当然，很多情况下，创造力需要在协作中产生，但在孕育阶段恰恰相反。从纷繁复杂的感官世界中暂时抽身，会让你的大脑更有理由漫游到遥远的角落。例如，犹他大学心理学家于2012年进行的一项研究发现，受试者独自在大自然中生活4天后，在创造力标准测试中的得分提高了50%。[9]这就是为什么我们要远离干扰，每天留出90~120分钟的独处时间来集中注意力，以此开始新的一天。只要花费一小段非时间，就能进入深度心流状态，而且会带来显著的长期收益。

策略四：从陌生之处着手

这是一项奇怪的研究。2012年1月，芝加哥大学的科学家给40名志愿者看了一部动画电影。[10]其中一半的受试者只需要看电影，另一半受试者需要一边看电影一边喝伏特加蔓越莓鸡尾酒。之后，每个受试者都接受了一个我们已经很熟悉的任务——创造性地解决问题。研究人员向受试者展示了三个词，比如pine（松树）、crab（螃蟹）和sauce（酱），然后让他们找出第四个词与这三个词搭配成新词。在开始喝酒之前，两组受试者在这项任务上的表现几乎一样。

但这之后，差异便逐渐出现了。

结果表明，醉酒者（这个说法有点儿夸张，因为他们的血液酒精含量为0.075，略低于0.08的法定指标）在速度和准确性上都优于清醒者。平均而言，那些喝醉的受试者在 11.5 秒内解开了谜题，而清醒者花费的时长为 15.2 秒。此外，醉酒者平均答对了 9 个问题，而清醒者只答对了 6 个。那么，这个故事有什么寓意吗？想拥有创造力，需要回到每顿午餐喝三杯马提尼的日子吗？

也许吧。

或许还有更简单的方法。

首先，让我们想想为什么酒精能帮助我们解决远距离联想的难题。我们的大脑是一个模式识别系统。清醒的时候，系统在寻找模式时更倾向于搜索熟悉的本地网络，而创造力则需要一种更奇特的方法。我们需要的不是在熟悉的领地寻找，而是在大脑布满灰尘的角落、密室和被遗忘的壁橱里翻找。

那么，酒精为什么会有助于此呢？因为酒精软化了我们的关注点，扩大了注意力范围。醉酒的作用原理与置身大自然中眺望远景的原理是一样的，都会促使前扣带皮层开始搜寻更广泛的想法。它扩展了我们的搜索参数，扩大了模式识别系统搜索的数据库规模。[11]

喝醉的人比清醒的人更爱玩。当我们在玩耍的时候，对失败的恐惧会减少，冒险意愿会增强。这就是人们在看完一部动画电影后能解开更多单词联想谜题的原因。幽默感让我们拥有好心情，这提升了大脑远距离联想的能力。那么有什么日常体验可以达到这个效果吗？试想，如果一个有趣的视频也能奏效，你就不需要每顿午餐喝三杯马提尼酒了。

但也有其他方法可以考虑，比如在面对一项任务时，从不熟悉的地方着手。[12] 在面对一项创造性的任务时，最初如何去做会对最终结果产生巨大的影响。如果你希望在生活中拥有更多的创造力，那么在解决问题时，就需要从一个与已知事物无直接关联的想法入手。从不熟悉的事物入手，可以迫使大脑扩大搜索参数，激活远距离联想技能。[13]

例如，如果你需要撰写一篇公司通讯稿，开头可以写得奇怪一点。不要这样写："上个月，我们完成了季度业绩。"试着这样写："上个月，员工们在餐厅里发现了一头小象。"重点并不在于以这句话作为通讯稿的开头（很有可能你之后会把它删掉），而在于试图想出这句话后面接什么内容，而且后续内容真的与公司通讯稿相关，这会迫使大脑开始建立不寻常的联系。

更棒的是，你不需要忍受宿醉了。

策略五：在盒子里思考

我们一般会说，要"跳出盒子思考"，但现在可能要反其道而行之，学会在盒子里思考。条条框框的限制可以驱动创造力。正如爵士乐大师查尔斯·明格斯曾经解释的那样："伙计，你不能凭空即兴创作，你必须在某些东西的基础上即兴创作。"[14]

在莱德大学进行的一项关于限制条件和创造力之间关系的研究中，学生们被告知了 8 个名词，并被要求使用这些名词来写押韵的对句，就像贺卡上可能出现的那种；另一组受试者则没有拿到名词，只是被要求写出押韵对句。然后，由一个独立的专家小组对两组学生作品的创造力进行评价。一次又一次的结果表明，一开始被给定 8 个名词（预先设定的限制条件）的受试者，表现优于其他人。[15]

北卡罗来纳大学心理学家基思·索耶在其对即兴剧团的研究中也发现了同样的情况。[16] 索耶曾经说过："剧团会教导即兴演员注重细节，不要说'小心，这是枪'，而应该说'小心，这是新型 ZX-23 激光杀伤装置'；不要问'你怎么了'，而是应该说'别告诉我你还在为我把你的项链掉到马桶里而生气'。"

关键在于，限制条件可以驱动创造力，而毫无限制会给你过多的自由度，让你无从发挥。所以我在工作中的一个基本原则是，永远要知道事情的开始和结束需要什么。这些限制条件解放了我们。有了这两块基石，无论中间需要什么——一本书、一篇文章或者一次演讲，我要做的都只是简单地将这些点状的东西串联起来；但如果没有这些连接点，我可能会陷入困境，甚至更糟——浪费时间游走在无关紧要的领域，这也解释了为什么我的第一部小说花了 11 年才完成。如果你需要创造力，不知道目标方向就永远无法达成目标。

许多人认为时间限制（也就是截止日期）是激发创造力的一种限制条件。也许是，也许不是。我们在前文中了解到，没有时间压力是培养创造力的关键，这一点依然正确。但是，最后期限也确实可以使创意项目免于无限期地拖下去。把最后期限设定得远一些，以便在你的日程安排中设置相当长的“非时间”。换句话说，有创造性的截止日期应该符合挑战与技能的最佳平衡点——有足够的难度可以让我们拓展能力边界，但又不至于让我们崩溃。

策略六：给大脑添加“弹药”

创造力需要模式识别，但是模式识别需要什么呢？答案是“弹药”。如果你不能定期地向模式识别系统输入新信息，那么大脑就会缺乏在想法之间建立联系所需的弹药。这就是为什么“机会更青睐有准备的头脑”，其实这也是多巴胺在背后起效。

模式识别是生存的基础，大脑会奖励这种行为。如上所述，当我们把两个想法联系在一起时，也就是说，当大脑识别出一个模式时，就会释放少量多巴胺。玩过填字游戏或数独游戏的人应该都很熟悉这一点，当我们填出正确答案时所体会到的那种快感，就是多巴胺带来的。

但多巴胺也会调节信噪比，帮助我们注意到更多的模式。以填字游戏为例，填出第一个正确答案后，我们通常会迫不及待地填写第二个或第三个答案。第一次模式识别分泌的多巴胺驱动我们进入下一次，以此类推。这就是创意往往会螺旋式涌现的原因。

但在此处也要有所警惕。

如果我们提供给模式识别系统的信息与系统关联到的信息紧密相关，也就是说，这是大脑熟悉的模式，那么我们就缺乏足够的创新性来产生预期的反应。如今，各个领域都进入了垂直专业化阶段，这可能是个问题。

虽然专业化是通向专业知识的标准途径，但对于模式识别来说，这可不是一件好事。考夫曼解释说："专业知识是一把双刃剑，有些对创造力有好处。但如果你过于专业，有太多专业知识，你可能会注意不到那些遥远的联想。"[17]

解决这个问题的办法是，撒一张大网。

每天读 25~50 页与你的专业相去甚远的书。选择一个集多种好奇心于一体、但与你的日常工作无关的主题，正如我们在第 2 章里学习到的培养激情的秘诀中指出的那样，在阅读过程中，给自己留出一点做白日梦的时间。如果某个想法引起了你的注意，暂停一下，让你的大脑有机会与它关联起来。不要担心如何建立这种关联，大脑会自动进行模式识别。如果你给它提供了弹药，它会想办法制造出烟花。

策略七：麦吉弗法

电视剧主人公麦吉弗是一个出色的问题解决者，因此，创造这个角色的李·兹洛托夫也必须成为一个出色的问题解决者。"为了创作剧集，"兹洛托夫解释道，"我必须在非常紧迫的期限内产出大量的创意材料，没有时间陷入僵局。”[18]

在这样的工作背景里浸淫多年后，兹洛托夫注意到，每当自己遇到难题时，所要寻找的答案从来不会出现在司空见惯的场景中，比如坐在办公桌前苦思冥想。相反，在开车或洗澡时，答案会在脑海中浮现出来。这种情况频频发生，以至于兹洛托夫每次陷入困境时都会离开办公室开车回家冲澡。

最终，兹洛托夫决定弄清楚为什么会发生这种情况。他发现，轻微的刺激活动（比如洗澡）会占据大脑意识，但不会占据太多。这会让我们的思考进入“孕育阶段”，把问题从意识转移到潜意识。而依靠潜意识解决问题要高效得多，其速度更快，效能更高，而且几乎有无限的内存——也就是说，有意识的大脑一次可以处理大约 7 比特的信息，而潜意识可以处理的信息量似乎没有限制。

更重要的是，兹洛托夫还发现，你可以提前对潜意识进行编程。你可以丢给大脑一个问题，让它有意识地去解决，然后用轻微的刺激活动来激活潜意识，最后在活动结束后重新启动意识思维，来找到你的答案。兹洛托夫称之为“麦吉弗法”。

以下是它的工作原理：

第一步：问题识别

写下你的问题。就是字面意思，用手写下来。大声说出来是没用的，告诉朋友也是没用的，因为触觉体验和记忆之间相互关联，写下来才是关键。

此外，要尽可能写详细一点，但不要太担心内在的逻辑关联。

例如，假设我在写一本书，明天我要开始写新的篇章，但不知道从哪里下手，那么我会这样写：“明天，我想写一个关于蓝鲸和特蕾莎修女的新章节，内容要有趣、吸引人，结尾要扣人心弦。”

我要尽可能写下更多的细节，但不需要担心这些细节之间的联系。为什么？因为我们的大脑系统内置了模式识别功能——如果我对自己的目标很清楚，大脑便会自动处理其余的工作，正如我们将在第二步介绍的。

第二步：孕育

暂时不要去想这个问题。当你掌握诀窍后，只需留出 1~4 个小时的空白时间就可以了。但在一开始，把时间设置为半天左右（或一整夜的时间）。在此期间，做一些能够刺激大脑但不耗费什么精力的事情——兹洛托夫喜欢制作飞机模型。此外，侍弄花草、打扫房屋、打篮球都能起到很好的效果，散步也不错，但是看电视没什么作用，因为这需要过多的心智加工，那会关闭意识。

此外，如果你想要在孕育期通过运动来刺激大脑，一定要选择不那么激烈的运动。如果你运动得筋疲力尽，之后寻找解决方案的能力就会受到抑制。如果你因为疲惫以及找不到解决方案而感到有压力，就会更加焦虑，从而进一步降低自己关联想法的能力，结果更难找到解决方案。

第三步：自由创作

几个小时之后，坐回你的电脑前，再次开始敲击键盘——写什么都无所谓，比如抄你最喜欢的书、写歌词、写俳句等。用不了多久——通常不超过几分钟——你的问题的答案就会逐渐浮现出来。

回到上文提到的例子，我会单纯地这样写："我现在正试图写下一章，但我真的不知道要写些什么。"这听起来很简单，但结果却是惊人的，你会发现自己正在以远超平时的速度和效率来解决创造性问题。

兹洛托夫认为，这样做最大的好处是调动情绪。"我从来不担心任何问题，"他说，"如果我陷入了困境，我知道潜意识可以得出我在有意识的时候做梦都想不到的答案，而且耗时要短得多。这完全消除了我写作过程中的焦虑。"

第 17 章

持久的创造力

十年前，我开始研究一种带有批判性但很少被讨论的创造力。虽然大多数科学研究都集中在日常创造力或解决手头问题所需的创造力上，但我好奇的是，在人们几十年的职业生涯中，是什么让创造力得以维持。这个话题让我想到了持久的创造力。[1]

持久的创造力是谜团中的谜团。创造性的职业是不稳定的。昙花一现的奇迹比比皆是，但持续创造奇迹的天才却少之又少。创造性的职业并不意味着攀登一座高山，而是意味着一直攀登高山。这种程度的投入不仅需要独创性，还需要独创性的终极表达：持续的自我重塑。

一次又一次的自我重塑。

持久的创造力并不是首次精彩亮相或再战告捷，而是在第三次、第四次、第五次的表现中始终绽放光彩。这就是终极不可能，这就是无限游戏，目标是持续玩下去。

在上一章中，我们研究了日常提升创造力的七种方法。在这一章，我们将寻找一生保持高度创造力的方法。不幸的是，目前科学界对这一话题知之甚少。关于持久创造力的研究寥寥无几。任何合理的研究方法都掺杂了太多令人困惑的因素，而大多数研究人员只是回避了这个问题。

但这并不意味着我们完全迷失了方向，至少在本章中，我们将对研究方法有所改革。由于对这一话题的研究寥寥无几，我自己也在做一些研究。在过去的十年里，我与几百位顶尖高手进行过交流，其中有运动员、艺术家、科学家、学者、建筑师、设计师、音乐家、编剧，还有很多其他领域的朋友，他们都在寻找经得起时间考验的解决方案。

有一点是肯定的：培养持久的创造力需要调动一系列不同寻常的技能，其中许多技能与我们最初关于如何培养创造力的设想相冲突。更重要的是，要培养持久的创造力，通常需要个体基于创造力来谋生。然而，具有创造力与从事创意性工作是不同的。很多人擅长前一个方面，但在第二个方面却很糟糕。最后，培养创造力会带来负面情绪。

数十年如一日，负面情绪会日积月累。

因此，这里为你挑选了九条关于培养持久创造力的经验，我从中受益良多。其中有一些是我的亲身体会，另一些则是我从别人那里学来的。我将这些经验悉数运用于职业生涯，并取得了巨大成功。但不要以为适合我的就一定适合你，你可以根据个人情况灵活调整。

第一：装好箭袋

读研期间，我有幸跟随小说家约翰·巴思学习。[2]巴思通常被认为是美国元小说的教父，在职业生涯中，他不断拓展语言创作的理念，并在此过程中激发了一场文学运动。他还给了我一些培养持久创造力的最实用建议。

了解语境很有帮助。

我曾和巴思讨论过托马斯·品钦的经典作品《万有引力之虹》。对不熟悉这本书的人来说，它简直可怕：厚达800页，有超过800个不同的角色，以及有史以来最带有个人风格的语言。我们讨论的重点在于品钦的语言技巧以及我对模仿这些技巧的痴迷。我也想写出个人风格鲜明的、多层次的、令人眼花缭乱的句子。然而，巴思指出，还有更重要的事情。

他解释说，在《万有引力之虹》一书中，品钦讲了两个故事，这两个故事指向本书的中心主题，而且使用了非常平实的语言。[3]必要时，品钦抛弃了风格而选择了实质。

巴思解释道："箭袋里的箭再多也不嫌多。"他的意思是，在写任何一本书的过程中，大多数作者都需要精通六种不同的风格。品钦在《万有引力之虹》中使用了从广告到歌词到短篇故事的所有内容类型。同样，在漫长的职业生涯中，一个作家必须精通十几种不同的交流形式：广告、营销、虚构、非虚构、文章、博客、销售信函、网站等。巴思强调了拓展技能边界的重要性。

对于创意人员来说，这是一门有难度的课程。

创造力的乐趣在于把自己的事情做好，学会做好别人的事情就不那么令人兴奋了，但这就是维持事业的方式。在写作中如此，在各个领域都是如此。正如巴思所指出的：箭袋里的箭再多也不嫌多。

第二：费里斯四步法

我们在前文中将蒂姆·费里斯提出的 80/20 法则用于技能习得。对于长期保持创造力，他也提出了看法。费里斯采用了一种包含四个步骤的方法，[4] 这四件事帮助他多年来持续保持创作动力。

每天锻炼

费里斯建议每天至少锻炼一小时，原因你应该已经很熟悉了：锻炼可以减轻焦虑，帮助头脑保持清醒。作为一种持续的减压方式，可能没有比锻炼更好的方法了。

坚持制订创作者时间表

“创作者时间表”一词出自 Y Combinator（美国著名创业孵化器）联合创始人保罗·格雷厄姆在 2009 年发表的一篇文章，[5]

指的是一份预留独处和非时间的日程表。这张表需要留出大量的时间来专注于一项特定的任务。

格雷厄姆将此与“经理人时间表”进行了对比。“经理人时间表”是指把一天分成几个细致的时段，每个时段都有特定的目的：开会、打电话、处理电子邮件等。经理人时间表有时是有用的，但要想随着时间的推移保持创造力，费里斯认为创作者时间表必不可少。

所以，要为关键的创作型任务留出大量的时间。如果需要解决或分析复杂的问题，费里斯建议留出 4 个小时。这意味着要隔绝一切令人分心的元素——关掉电子邮件、电话、短信、Skype（一款即时通讯软件）、社交媒体以及其他东西。虽然这可能不是我们安排时间的常规方式，但在那些需要创造力的日子里，我们别无选择。[6]

长时间散步

关掉音乐，关掉播客，远离令人分心的东西，有意识地让大脑走神。散步会强制你进入创意孕育阶段。散步可以关闭注意力聚光灯，打开默认模式网络（也就是想象网络），给大脑足够的时间来寻找不同想法之间的联系。[7]

问更妙的问题

和那些善于发现你的设想的人在一起。“一般人会让我质疑自己的设想，”费里斯解释道，“但那些最擅长这方面的人在听到我的问题后会这样反应：‘你不该这么问，更好的问题是……’”

最后一点很重要。反馈对于创造力是至关重要的，但是选择谁来反馈同样重要。每个人都有盲点，每个人都有偏好。你和你的反馈者之间思路过于相似会破坏这个目的，但如果反馈者对你根本不理解，他们的反馈也不会真正适用。这是一种微妙的平衡。

而且，对于创意人员来说，越成功，保持平衡就越重要。如果人们都觉得你“有创造力”，就会更加倾向于相信你的看法，你会发现自己经常被“无罪推定”。这不是一个成功的公式，所以费里斯采取了一个积极的方法。

为了得到自己需要的反馈，费里斯会寻找那些帮助自己重构问题的人。这些人不会一味地钻入细节或唱反调，而是会更快、更深入地吸收这些想法。通过提出更好的问题，他们为“好奇号”提供了一个发射台。这会把能量重新注入系统，从而产生动力。对于长期保持创造力来说，没有什么比动力更重要了。

第三：动力最重要

说到动力，年复一年对想象力的需求让人疲惫。每天早晨，作家面对的是一张白纸，画家面对的是一张空画布，创新者则是同时面对十几个方向。

诺贝尔文学奖得主加夫列尔·加西亚·马尔克斯帮助我解

决了这个难题。多年前，在《花花公子》杂志的一次采访中，马尔克斯提出，保持动力的关键是在最兴奋的时候停止工作。换句话说，一旦马尔克斯真的开始动手烹饪，他就会关掉炉子。[8]

这似乎是违反直觉的。创造力是灵感的涌现，在最兴奋的时候放弃——那正是想法涌现出来的时候——似乎与你应该做的完全相反。

然而，马尔克斯说的恰恰是对的。

创造力不是一场战役，而是持久的战争。在你感到兴奋的时候戛然而止，可以把动力带入第二天的工作。动力是真正的关键要素。当你意识到自己离开了某个既令人兴奋又熟悉的环境——那个你确信想法即将涌现的时刻，你就能立即回归状态，不会浪费时间，不给恐惧留下一丝一毫滋长的机会，恢复速度的时间也会大大缩短。

并不是只有马尔克斯有这种感觉，欧内斯特·海明威也持同样的观点。事实上，海明威甚至更极端，他经常会句子写到一半就停止这一天的工作，留下一串待填补的省略号……[9]

第四：挫败感是进步的标志

我已经写了 15 本书，其中 2 本躺在抽屉里，另外 13 本在商店里售卖。这些书都拥有一个共同点：我在写它们的过程中，都经历了失去理智的时刻。

毫无疑问，写书的过程中，我至少有一次情绪崩溃到趴在地上，哭喊着捶打地板。我不知道为什么会发生这种事，但就是发生了。前一秒钟我还坐在办公桌前，下一秒就完全崩溃了。

然而，不是只有我一个人有过这样的经历。

几乎所有与我谈论过持久创造力的人都有类似的故事。所以，创造力是非常令人沮丧的，对每个人来说都是如此。由此带来的问题是：该怎么做？

答案是：什么都做不了。

创造过程中必然会产生挫败感。弗洛伊德曾经谈论过“升华”，这是一种防御机制，它会将私人的、通常不符合社会规范的挫折（比如趴在地上捶打地板）转变为符合社会规范的创造性表达（你现在正在读的这本书）。[10] 格式塔学派心理学家库尔特·勒温进一步简化了这个问题，他认为挫败感仅仅是一种在我们达成目标的过程中阻挠我们获得创造性回应的障碍。[11]

这一观点得到了大量的科学研究支持。研究普遍认为，未解决的问题会以易于检索的记忆的形式留在大脑中。在《尤里卡因素》（*The Eureka Factor*）一书中，约翰·库尼奥斯和马克·比曼是这样解释的：“这种记忆不仅是一种心理记录。它激活了大脑与问题所含信息的所有关联，让你对所处环境中可能相关的任何内容以及潜在的解决方案更加敏感。因此，即便是与该问题关联度较低的信息——一个词、一种声音或一种气味——都可能成为一种暗示，引发你的顿悟。”[12]

从实际的角度来看，这意味着我们必须重新看待以往与挫败感的关系。大多数人在产生这种感觉时，会认为这是自己做错事的信号。但是，如果挫败感是创造过程中必要的一步，那么我们就不能把它的到来视为一场灾难。对于创造力来说，挫败感是进步的标志，意味着迫切需要的突破比你想象中来得更快。或者，正如剧作家爱德华·阿尔比曾经说过的："有时，要想走回捷径，就必须绕点儿远路。"[13]

第五：挫败感是保持创造力的必要条件

肯·罗宾逊爵士已成为创造力的主要支持者之一，他围绕这一话题的 TED 演讲一直备受关注。[14] 他认为，在孩子的教育中，创造力应该被视为与读写和计算同等重要的能力。他提出，在一个技术加速变革的世界里，创造力是最重要的生存技能。但他从未真正谈论过的是，如何在漫长的职业生涯中保持这种生存技能。

因此，几年前，在意大利的一次会议上，当我有机会坐下来与罗宾逊交谈时，我首先问的一个问题就是长期保持创造力的必要条件。[15]

"挫败感。"他如此回答。

罗宾逊相信，长期保持创造力需要一种低水平的、几乎不间断的挫败感。这不同于刚刚讨论的那种崩溃性的挫败感。崩溃时刻的挫败感会让你（或者至少是我）忍不住捶打地面，而罗宾逊提出的观点与动机有关，这是一种持续的、隐隐的不满，一种“如果……会怎样”“我能不能做得更好”之类的深刻感受。

为了说明两者的区别，他给我讲了一个他与乔治·卢卡斯见面的故事。显然，罗宾逊发问了。“嘿，乔治，”他问，“你为什么一直重拍《星球大战》这部电影？”

卢卡斯的回答很精彩：“在这个特殊的宇宙里，我就是上帝，而上帝是不会满足的。”

第六：创意型工作需要合作

有一种错误的假设认为，创造力是一种孤独的追求。对于激发创造力的某几个步骤而言，这个说法可能是对的，但如果你有兴趣从事创意型工作——通过原创和有用的想法来获得报酬，那么你最好习惯和别人一起工作。

创意型工作往往需要合作。每一个记者都要不断地面对编辑、文案编辑和执行编辑的挑战。电影、图书、戏剧和诗歌领域同样如此。初创企业的创业者总要面对投资人，而有创意的首席执行官必须与董事会打交道。这让我想到一个重要的问题：每个人都有自己的工作要做。

而且，每个人都想保住那份工作。

在写作方面，这意味着即使我创作出完美的内容，我的编辑们仍然要改稿拿薪水——这也是他们所希望的。我发现，这就是为什么努力走在这条曲线的前面是很重要的。这些日子里，每次提交完成的稿件时，我都会故意加上一些可怕的段落，以便让我的编辑有事可做，也让他们觉得自己很有用。这样的话，他们的脏手就不会再碰我那超级完美的句子了。

第七：总有一群天才在追赶你

伯克·沙普利斯既是编剧，又是制片人，还是一个精英俱乐部的成员——他是好莱坞为数不多的能够撰写大制作动作片的人之一。大制作指的是预算超过 1 亿美元，这意味着很大的风险。对伯克来说，他花了将近 20 年的时间，付出了难以置信的努力，才使得别人愿意让他冒这个险。为了在如此漫长的时间里保持创造力，伯克认为应该利用一个最古老的激励因素：竞争。

“总有人在追赶我，”他说，“我试着让自己记住这一点。我每成功拍一部电影，就有成千上万部电影夭折。每一个像我这样的人之下，都有五千名编剧，在他们之下还有上万名编剧。这是一场永远的竞赛。他们都想抢走我的工作，其中有几百个编剧可能真的非常非常厉害，和我的水平差不多。他们天赋异禀，只是没有正确地发挥自己的天赋，但他们迟早会的。我觉得记住这一点会让自己充满动力。”[16]

第八：创造力是一种副产品

与人们普遍认为的观点相反，创造力几乎总是在充满激情、努力工作的过程中不经意产生，而非刻意求得。两届奥运会和四届极限运动比赛金牌得主格雷琴·布雷勒被认为是历史上最有创造力的单板滑雪运动员之一，她这样解释："你不能一觉醒来就说：'今天我要更有创造力。'你只能做自己喜欢做的事情，试图抓住它们的本质，让灵感自己浮现出来。"[17]

这里有必要进一步解释一下布雷勒的观点。做你喜欢做的事意味着不断积累内部驱动力。在创造过程中会产生挫败感，如果不能恰当地积累内部驱动力，我们便不可能持之以恒。试图找到事物的本质意味着不断地学习和改进以精通技能。如果你把这些都做好了，灵感自然会浮现出来。

用神经科学家利亚纳·加博拉的话来说："创造力的矛盾之处就在于从大脑中提取一些从来没有输入过的东西。"在这个过程中，我们会注意到以前从未出现过的选项。然而，这些选项中的许多只有在活动过程中才会出现。我总是打算写出许多金句，但是我从来没有刻意想写出某个金句。艺术是在工作中显现出来的。这是我们"内心的野兽"的本性。遥远的联想意味着一个想法会带来另一个想法，另一个想法会带来更多的想法。因此，你不能提前强制自己解决这个问题。你真正能做的就是准备，努力工作，然后就像布雷勒说的，让灵感自然浮现。

第九：信守诺言，尤其是独处的时候

心理学家米哈里·契克森米哈赖在其著作《创造力》（*Creativity*）中写道："富有创造力的人所表现出来的思想与行为倾向，在大多数人身上是分别体现的。他们身上有着极其矛盾的特征，每个人都不是一个'个体'，而是一个'群体'。"[18]

契克森米哈赖所说的是创造型人格的本质。每个性格特征都可以被认为是一个光谱。我们大多数人都是非此即彼的，要么外向要么内向，要么竞争要么合作，要么老练要么幼稚，但富有创造力的人却并非如此。

他们通常是两者兼而有之。

思考一下保守和反叛这两个似乎完全相反的特质，富有创造力的人通常需要同时具备这二者。一位正在拍摄复古侦探故事的电影制作人可以保留传统的黑白电影制作风格，也可能选用明亮的、过度饱和的色彩来取代传统风格电影中经常出现的黑暗、忧郁的镜头——她在反叛传统。而且很明显，在同一部电影中，她可以同时使用两种风格。

内向性格和外向性格也是如此。富有创造力的生意人在为下个季度确定销售策略时可能非常内向，但在实际销售拜访时又非常合群。或者拿幻想和现实来举例。一个科幻作家要写一本关于外星生命的书，就必须天马行空，但在为同一本书设计营销策略时必须非常务实。

总而言之，契克森米哈赖总结了富有创造力的人身上的10种对立统一的特征：活力四射又镇定稳重、睿智又天真、贪玩又自律、爱幻想又现实、外向又内向、野心勃勃又大公无私、保守又叛逆、谦逊又骄傲、热情又客观、对他人敏感又冷酷如冰。所有这些特质都是创造过程或激发创造力的神经生物学机制所产生的副产品。这种对立统一会导致什么结果呢？

通常是情绪的过山车。契克森米哈赖继续写道：“富有创造力的人的坦率与敏感使他们既感到痛苦煎熬，又享受着巨大的喜悦。我们很容易理解他们的痛苦，高度敏感会使他们感觉到常人感觉不到的轻蔑与焦虑……独自处于学科的最前沿也会使他们‘高处不胜寒’……对于晦涩主题的浓厚兴趣及全力投入通常得不到回报，甚至会招来嘲笑。发散型思维通常被认为是偏离主流的思维，因此富有创造力的人会觉得被孤立，不被理解。可以说，这些职业危害是与生俱来的，很难想象一个人在发挥创造力的同时对这些危害无动于衷。”

这就引出了我们对长期保持创造力的最后一点建议：信守你的诺言。[19]

首先，要信守对他人的承诺。创造力导致的情绪起伏会带来一种危机感。对很多人来说，这几乎就像是一份允许自己行为不端的同意书。这使得创意人员在短期内被扣上“难以相处”的帽子，长此以往则被冠以“不靠谱”的恶名。虽然可能确实是这样，但对于那些懂得如何以创造力谋生的人来说，绝非如此。

更重要的是，要坚守对自己的承诺。

取得巅峰表现的方法就是清单。凭借意志力，每天起床后完成清单上的每一个目标，然后重复。但是一旦创造力开始融入其中，这些目标就变成了创造性的目标，情绪过山车就会把我们吞噬。这就是为什么你要学会信守诺言。如果你设定了一个目标，就要完成这个目标，不管你有什么情绪。这就是保持创造力的方式。毕竟，如果你不能持之以恒，就没有任何收获，更别提长远的未来了。

第 18 章

创造力心流

1968 年，美国宇航局遇到了难题。[1] 宇航局有很多聪明的员工，但聪明和有创造力是两码事。创新是宇航局的命脉，他们迫切需要最具创造力的工程师来完成最艰巨的挑战。然而，要从一群呆板的人里找出毕加索，这是个问题。

为了对工程师进行筛选和划分类别，美国宇航局请来了创造力专家乔治·兰德。兰德设计了一个测试来测量发散型思维能力，也就是非线性的、自由流动的、跳出固有模式的思维能力，我们现在称之为“替代使用测试”。其中一个典型的问题是：尽可能多地说出 M&M 巧克力豆罐子的用途。典型的符合逻辑的“聚合型思维”的答案是：糖果盒、铅笔盒或者硬币盒。发散型的、不那么典型的答案是：蟑螂监狱、隔热不良的太空头盔。

这项测试起了作用。兰德解决了这个问题，美国宇航局也很喜欢这个结果。但测试的成功又引出了另一个问题：创造力最初从何而来？它源于先天还是后天？然后他们才知道，兰德无意中也设计过一个工具来回答这个问题。他的测试非常简单，甚至可以用于儿童。事实上，我们可以一次又一次地进行这种测试，跟踪孩子们的成长过程，观察后天培养是如何影响天性的。

在美国宇航局的帮助下，兰德组织1604名不同背景的5岁儿童参加了测试，结果震惊了所有人：98%的孩子的得分显示，他们具备天才般的创造力。这意味着，大部分4岁孩子比一般的航天工程师更具创新能力。

但这种创造力并没有持续多久。

5年后，兰德再次对这些孩子进行了测试。此时的得分显示，他们的创造力水平已经下降到原来的30%。这些10岁的孩子由于某些说不清楚的原因，失去了大约68%的创造力。

又过了5年，情况变得更糟。长到15岁的时候，这些孩子的创造力水平下降到了原来的12%。接下来，兰德对一百多万名平均年龄为31岁的成年人进行了测试。结果显示，他们的平均创造力只有小时候的2%。

兰德得出了结论：创造力源于先天，毁于后天。根据他的研究，成长是压制创造力的头号风险因素。

为什么？

兰德相信，这个问题是由我们大脑的基本结构和教育系统之间的冲突导致的。大多数情况下，大脑通过注意执行网络进行聚合型思维，通过默认模式网络进行发散型思维。但是我们的教育系统要求学生同时使用这两个网络——通过默认模式网络产生新奇的想法，然后立即启用注意执行网络来评判这些想法。在兰德看来，这种无休止的评判，这种对创造力的批判和质疑，正在扼杀天才。[2]

然而，这种解释存在一些问题。首先，兰德的测试是在20世纪60年代设计的，当时研究人员认为聚合型和发散型是不同的认知风格，但实际上并非如此。心理学家约翰·库尼奥斯解释说：“发散和聚合不是思维类型，而是实验室任务类型。就认知而言，发散型思维是在不替换先前解决方案的情况下不断重复的聚合型思维，（两者）并没有那么大的差异。”[3]

此外，兰德认为学校在强迫学生同时使用默认模式网络和注意执行网络。然而，科学研究表明，创造力恰恰需要同时使用多个脑网络。学校这样做，不正是培养了学生这种特别的能力吗？

但学校确实没能成功地达到这一目标。

原因和前文中多次提到的一样，与我们的神经生物学机制有关。

注意执行网络位于前额叶皮层，但是前额叶皮层直到25岁才能完全发育成熟。因此，孩子们启用注意执行网络的能力较弱，这意味着他们更难控制自我冲动，也更难控制自己产生创造性想法。更重要的是，儿童的大脑并不是高度组织化的。我们的神经元之间生来就有大量的连接，但这些连接会随着年龄的增长而衰退。所以，当年轻的大脑寻找不同想法之间的遥远关联时，还会找到更多意想不到的东西。这是发散型思维随着时间而衰退的真正原因。并不是教育扼杀了创造力，而是正常的发育过程减缓了创造力的发展。

此时就不得不提到心流。

在心流状态下，支撑创造性活动过程的三个主要的大脑网络会以一种不同寻常的方式协同工作。注意执行网络会启动，但不是完全启动。针对特定任务产生聚焦作用的部分极度活跃，其他部分则不会被激活。这意味着你可以专注于自己的创造性问题，但内心的批判保持沉默。

与此同时，突显网络既异常活跃又异常敏感。它会同时接收由默认模式网络产生的内部信号和需要注意执行力的外部信号。

最后，默认模式网络是完全清醒的，并略有调整。前扣带皮层极度活跃，而杏仁核的大部分区域处于离线状态，这意味着我们进行模式识别和远程关联的能力增强了，但大脑在一般情况下对负面信息的偏好降低了。换句话说，心流状态就是大脑创造力的超速运转状态。[4] 它模拟出了 4 岁孩子的发明创造能力，却没有 4 岁孩子大脑的缺点。

这就引出了最后一个问题：我们如何获得更多心流体验？

第四部分

心流

今天——是否有可能伟大？

弗里德里希·尼采[1]

第 19 章

心流解码器

在前面的叙述中，有一个故事被我忽略了，那就是我曾经设法破解了心流的密码。我的解码器是：莱姆病。

30 岁的时候，我得了莱姆病，卧床休息了三年。[1] 对那些不熟悉的人来说，莱姆病就像是你同时得了人生中最严重的流感和偏执型精神分裂症。我几乎无法在房间里走动，精神状况则更糟，用专业术语来说就是“脑雾”。我觉得自己就像发疯了一样。

首先，我集中不了注意力，我的注意力就像棉花糖一样无力。然后我开始失眠，偏执，抑郁。接着，我的视力也不行了。之后，我的长期记忆消失了，短期也记不住东西，诸如此类。

这样过了三年，我受够了。医生不得不停止给我用药，因为我的胃黏膜开始出血，他们也无能为力。我每天工作不到 1 小时。我会好起来吗？没有人知道。

我意识到，从这一刻起，我将成为家人和朋友的负担。我在浴室里翻出了大量的巴比妥酸盐，还在厨房里找到了几瓶威士忌。自杀成了一种非常现实的可能性。这不是要不要自杀的问题，而是什么时候自杀的问题。

在这段黑暗的日子里，一个朋友来我家，约我去冲浪。当然，这个邀请有些荒谬，因为我连走路都费劲，更别说冲浪了。但我的朋友坚持要我去。她一直喋喋不休，也不肯走。纠缠了几个小时后，我再也受不了了。"管他呢，"我说，"我们去冲浪吧。反正我可能明天就自杀了。"

我的朋友带我去了洛杉矶的日落海滩，那里有着可能是世界上最温柔的海浪，非常适合初学者。她递给我一块像凯迪拉克汽车那么大的冲浪板——冲浪板越大，冲浪时就越稳定。那天很暖和，风平浪静，潮水退去，这意味着我们可以蹚水走到等浪区。这是件好事，因为我朋友几乎得背着我走过去。

我走到等浪区还不到 3 秒钟，一排海浪就出现在了地平线上。肌肉记忆苏醒了。我乘着冲浪板转了一圈，划了两下，然后跳了起来。我跌入海浪里，然后跌入了另一个维度——一个我甚至不知道它存在的维度。

我注意到的第一件事就是，时间慢得像爬行一样。我的大脑似乎在以正常的速度工作，但世界在以冻结的画面运行。我有了全景视野，感觉就像我能从后脑勺看到外界一样。然后我意识到我的头好像不见了——但也不完全是这样——就好像一具行尸走肉正乘着冲浪板穿过海浪，但那个人的灵魂却消失了。我的自我意识消失了。我的知觉在向外延伸，我与大海融为一体，与宇宙融为一体。

但这还不是最奇怪的部分。

最奇怪的是：我感觉很好。这么多年来第一次感觉这么棒。我不再疼痛，头脑清醒，思维敏捷，我的自杀倾向已经成为过去时。

那里的海浪非常舒适，那天我又冲了五道浪，然后彻底累散架了。我的朋友开车送我回到家，把我抱到了床上，之后的两个星期我都没动过。别人得给我送吃的，因为我太累了，甚至没法挪十几米到厨房去做饭。然而，到了第 15 天，也就是我能下地走路的第一天，我求邻居载我一程，回到海滩，又冲了一回浪。

同样的事情发生了。一种焕然一新的强大意识状态飘荡在海浪中，一个脏兮兮的、黯然无光的自己紧随其后。但我很清楚，有些东西已经变了。所以我又睡了 10 天，然后回到大海，又冲了一回浪。

然后再次重复。

在那 8 个月里，我做的唯一一件不同的事就是冲浪，在海浪中感受这些神秘体验时，我的状态在改善。我感到更健康，比以往健康得多。起初我只有 10% 的时间处于正常状态，但我正在努力争取在 80% 的时间里保持正常状态。

这一切都很难解释得通。

首先，冲浪并不是一种已知的治疗慢性自身免疫性疾病的方法。其次，我是一个科学爱好者，一个“硬核”的理性唯物主义者，我从未有过神秘体验。当然，冲浪时的感受也并非神秘体验。

但我也怀疑这背后一定有其原因。在极少数情况下，莱姆病会侵入大脑，这是该病唯一致命的情况。我很确定我之所以有这些神秘体验，是因为莱姆病侵入了我的大脑。虽然我感觉好多了，但我再次确信，我的末日就要到了。

所以，我马上开始了一项巨大的任务，想弄清楚到底发生了什么事。我不知道在海浪中发生了什么，但我知道这种体验的一部分——与万物合一的感觉——被归为一种“神秘体验”。科学能告诉我神秘体验背后的真相吗？谁能告诉我为什么冲浪时会经历神秘体验？

结果，我有非常多的发现。

神秘体验在极限运动中相当常见，历史文献中充满了这样的故事，当然包括冲浪在内，同时还包括徒步旅行、跳伞、滑雪、单板滑雪、攀岩、攀冰和登山等运动。其中一部著作——罗布·舒尔特海斯的《骨头游戏》（*Bone Games*）——在我寻找答案的过程中发挥了重要作用。[2] 舒尔特海斯认为，登山者所述的神秘体验可能与当时新兴的“心流”概念有关。这是我印象中第一次听到这个词。舒尔特海斯与我的观点相似，也是从神经生物学角度出发，将心流体验与内啡肽（被普遍认为是“跑者高潮”的原因）联系起来，将“战斗或逃跑”激素与一些提振情绪的奖励性化学物质联系起来。

一个想法开始有了模糊的雏形。它更像是一个问题：如果神经生物学机制引起的所谓“心流”能帮助我从严重的萎靡状态恢复到正常状态，那么心流是否能帮助正常的人——比如我遇到的那些很早就开始从事极限运动的运动员——成为超人？

我不知道。我甚至都不知道该问谁。但后来出现了转机。在探索神秘体验背后的科学原理的过程中，我遇到了宾夕法尼亚大学的神经科学家安德鲁·纽伯格。

纽伯格对“宇宙同一”感到好奇，这正是我在海浪中体验到的那种感觉，那种与万物合一的感觉。为了更好地理解这种感觉，他使用单光子发射计算机断层成像技术（SPECT）拍摄了方济各会修女和藏传佛教教徒在“入定”时的大脑图像——“入定”的意思是，在冥想期间产生了与宇宙合一的感觉。

纽伯格发现了这些体验背后的生物学机制。入定使得大脑功能产生了深刻的变化。由于入定需要保持极度专注，因此需要消耗大量的能量。但是大脑有固定的能量预算，这意味着它总是试图保存能量。在入定过程中，为了提供那种极度专注所需要的额外能量，大脑进行了一种效率交换，它会关闭不重要的结构，并根据注意力的需求重新安排能量的分配。

其中一个被关闭的结构是上顶叶右后侧。[3] 在正常情况下，这一大脑部位可以帮助我们感知空间位移。它在身体周围创造了一条界线，将自我与他人区分开来，这种感觉告诉我们应该在哪里停止动作，哪里是外部世界的起点。如果你试图穿过一个拥挤的房间，你需要这种自我感觉才能不撞到别人。相反，如果该大脑区域受损，你就很难在椅子上坐下来，因为你不确定你应该在哪里停止动作，椅子位于何处。

在冥想时，一旦这一结构失效，我们身体周围的边界线就会消失，我们就会失去将自己与他人分离的能力。“在那一刻，”纽伯格解释说，“大脑会认为你与万物是合为一体的。它只能得出这个结论。”

纽伯格的发现让我想到了另一个问题：冲浪者需要极度专注才能驾驭海浪，这和冥想入定需要的注意力是一样的吗？这种极端的专注是否会触发冲浪者的心流，并产生与海浪合为一体的感觉，就像我所经历的那样？

我不知道。

那是我第一次给安德鲁·纽伯格打电话。那通电话之后，我们又通了第二次、第三次电话。我们花了 8 个月的时间才把线索拼凑起来。[4] 结果是，纽伯格猜测我可能是对的。“专注就是专注，”他说，“冲浪者所需的精确注意力和冥想者所需的精确注意力之间可能没有太大的区别。”

我还曾问过他，是否觉得一个人关注的对象很重要。修女们专注于上帝的爱，所以她们与爱融为一体。佛教徒专注于宇宙同一，因此产生了与万物合一的感觉。冲浪者的注意力都集中在海浪上，所以他们会与海浪融为一体。是不是关注什么，就会与它融为一体？

“这些都是很好的问题，”纽伯格说，“你应该循着这些问题一直深入下去。”

在后来的二十年里，我就是这么做的。第四部分接下来的内容将探索我的发现，看看心流状态下大脑是如何工作的，并让你学会将这些信息应用到我们的生活中。但在此之前，让我们先回顾一下历史。我们将从故事的起点开始，也就是 19 世纪后期的世界上第一位高效能哲学家——弗里德里希·尼采。

第 20 章

心流科学

尼采的超人哲学

“我教你们如何成为超人。人类是应该被超越的。为了超越人类，你们已经做了什么呢？”

这句话出自尼采写于 1883 年的著作《查拉图斯特拉如是说》。[1] 此处值得一提，是因为尼采作为最早的高效能哲学家，是第一位真正思考巅峰表现问题的现代思想家。他所思考的就是上文所述的“超人”，德语原词是“Übermensch”。如何成为“Übermensch”，是尼采的核心关注点。

尼采之所以赢得这个称号，并不是因为他是第一个思考巅峰表现的哲学家。在这一领域，历史上有很多先声，比如古希腊的斯多葛学派，比如启蒙思想家的完美主义。但尼采是在达尔文发表《物种起源》之后第一个关注该问题的哲学家，这意味着他是第一个相信巅峰表现源自生物学的哲学家。[2]

1859年，达尔文改写了巅峰表现的规则，《物种起源》颠覆了神殿。在此之前，高效能源自神的恩赐。想在战斗中打败你的敌人吗？去寻求战神的垂青吧。想写一首十四行诗吗？也许缪斯女神能帮上忙。

但达尔文不这么认为，尼采也是。[3]

尼采意识到，如果身体在进化，那么头脑就在进化，意识也在进化，如果你对人类的表现感兴趣，就必须考虑到这些事实。尼采开始呼吁一种新科学，一种基于进化论框架和科学方法来审视人类思维运作的科学。他选择了当时刚刚成为流行术语的心理学，并阐明了自己的观点：任何不理解这门新科学的哲学家都不值得被理解。或者，正如尼采在《瞧！这个人》（*Ecce Homo*）中所写："在我之前的哲学家中，有谁是心理学家呢？在我之前，根本没有心理学。"[4]

新兴的心理学教给尼采的第一件事是，那些启蒙运动思想家，他的那些智者前辈，是错误的。他们认为人类正在朝着完美的方向进化，进化是有方向和目的的，而尼采透过达尔文的视角，将文化看作一系列随机幸存的故事。文化是帮助人们生存下来的东西，编码于我们的生物学机制中，刻在我们的大脑里，通过我们难以理解的潜意识来塑造行为。人类并不是进化的顶峰，只是随机部分的集合，是本能、驱动力、习惯、历史等的混合体。尼采在《超越善与恶》（*Beyond Good and Evil*）一书中写道："过去的每一种生活形式和方式，以及各种紧密相邻和互相重叠的文化，汇成了我们这些'现代灵魂'。我们的本能目前在各方面都在回溯。我们自己就是一种混乱。”[5]

但尼采认为，我们可以逃离这种混乱。我们可以用“权力意志”来代替生存的斗争，为自我实现、自我创造和自我超越而战，为掌控、卓越和意义而战。换句话说，过去所有上帝的恩赐，现在都必须由我们赋予自己。

好吧，请问尼采：该怎么做呢?

这就是故事变得有趣的地方，因为尼采制订了一个计划，一个相当实用的计划，用来将人的意志转化为权力，由此成长为“超人”——他的计划你听起来应该非常熟悉。

尼采提出的迈向超人的第一步：找到激情和使命感所在，他称之为“一个有组织性的观念”。一个有组织性的观念是一种使命，是一个人生活的中心主题，它不会一下子出现。“注定要统治（我们的生活）的组织性观念在内心深处不断滋长。这种观念开始发号施令，慢慢地把人从歧途和邪路上拉回来，它预备了各种品质和能力，总有一天这些品质和能力会被证明是不可或缺的。”

尼采对如何进行下一步也非常明确：学会忍受痛苦。巅峰表现需要毅力，而这位哲学家坚持认为，忍受痛苦是掌握这一技能的最快方式。“对于这些与我有某种关系的人，我愿他们受难、孤独、病痛、受虐、受辱……我希望他们拥有一个人今天是否有价值的唯一证明——坚定不移，巍然矗立。”或者，正如他在《权力意志》（*The Will to Power*）一书中所自夸的：“与其说我是一个人，不如说我是一个战场。”

这就引出了尼采的第三步：学习和创造力。将信息全部吸收，将其转变为艺术。学习和创造是关于自我表达、自我超越和发现意义的。尼采认为艺术是虚无主义的解毒剂。如果上帝已死，那么对于生命而言，神圣意义便不复存在，所以我们就需要自己去创造意义。这就是权力意志，是存在主义的授权。我们为自己的选择负责，我们行动，我们创造，我们自己为自己创造出的产物负责任。

这将我们带到了尼采计划的最后一步：心流——尽管他没有使用这个词。

尼采使用的词是“沉迷”（rausch），这个词最初由歌德创造，意思是“运动的加速带来流动的快乐”。[6]在《权力意志》一书中，尼采将“沉迷”描述为“生命的伟大兴奋剂”，它既是一种无意识的生物过程，也是一种更高级的存在模式，常伴随着权力、力量和远见产生。在这种模式中，拥有现代思考意识的自我被一种更古老的、拥有“兽性”的原始自我所取代。

尼采认为“沉迷”是我们可以拥有的最强大的体验之一，也是挖掘我们内在创造天赋的基本要求。“如果艺术存在，”他在《偶像的黄昏》（*Twilight of the Idols*）中写道，“如果有任何审美行为和审美视觉存在，那么一种心理条件就不可缺少：沉迷。必须首先有沉迷，才能提高整个机体的兴奋度，否则，就没有艺术的存在。”[7]

尼采在其职业生涯开始时呼吁以科学为基础的方法来取得巅峰表现，在其职业生涯结束时，绘制了与本书所用方法相同的蓝图：

- 第一步：找到激情和使命
- 第二步：以毅力和目标来强化激情
- 第三步：以学习和创造力放大结果
- 第四步：利用心流加速推进整个过程

当然，这是有原因的，这正是科学的发展方向。让我们仔细探究一番。

心流心理学

心理学家米哈里·契克森米哈赖创造了“心流”这个词，他这么做是有原因的。20 世纪 70 年代，他开始了有史以来规模最大的一场关于巅峰表现的研究，他走遍世界各地，就“一生中何时自我感觉最佳，表现最好”采访了成千上万的人。他从访问专家入手——棋手、外科医生、舞蹈家等，然后转向其他人：在意大利种葡萄的农民、纳瓦霍牧羊人、芝加哥装配线工人、年长的韩国妇女、十几岁的日本飞车党成员……访问对象不胜枚举。[8]

与他交谈过的每个人，无论有何种文化、阶层背景，无论性别、年龄，都异口同声说，当自己处于一种不同往常的意识状态时，自我感觉最好，表现最棒。在这种状态下，每一个决定、每一个行动都自然“流出”，与上一个决定或行为无缝、完美地衔接起来。契克森米哈赖之所以选择“心流”这个术语，是因为这就是这种状态本身的感觉——漂浮或飘逸，心流即为对这种体验的字面描述。

这是契克森米哈赖对心流状态的首个发现，此后他发现了一系列关于心流状态的基本事实。他的第二个发现是在首个发现的基础上建立起来的——无论他在哪里调查，都能发现心流的存在。为什么？因为心流是一种普遍存在的状态。进化塑造了我们的大脑，使其通过进入心流状态来达到巅峰表现。只要满足一定的初始条件，任何人都可以随时随地进入心流状态。

他的第三个发现是，心流是可以定义的。这种状态包含六个核心心理特征，如果它们同时出现于某个体验，我们就将其称为心流。这六个核心心理特征是：

完全专注：更具体地说，完全专注于有限的信息领域。注意力集中在手头的任务上，投入、享受、全神贯注于此时此地。

行动与觉知的融合：接近与万物合一的感觉。这意味着"既是自己生活的旁观者又是积极的参与者"这种双重感受逐渐消失，你无法再把自己和自己所做的事情区分开来。

忘我：在心流状态下，我们对自我的觉知消失了。同时消失的还有自我意识。自我批判归于平静。怀疑的声音沉寂下来，我们体验到一种解放，一种自由。我们终于超脱自我。

对时间的觉知改变：严格来说，我们感受到了"时间膨胀"。时间要么变慢，好像定格一样；要么变快，明明已经过去了 5 个小时，却像 5 分钟一样短暂。过去和未来都消失了，我们陷入了一种被延长的当下，有时被称为"深度的现在"（the deep now）。

控制的矛盾：我们对局面有强大的控制欲，而这种控制欲往往在无法控制的局面下产生。此时此刻，我们是人生之舟的舵手，是这一小段自我命运的主宰者。

自成目的的体验：这种体验是一种强烈的内在奖励，或者用专业术语来说，就是“自成目的”——意味着体验本身就是奖励。我们正在做的事情是如此令人愉快和富有意义，以至于我们会竭尽全力再做一次，即使冒着巨大的个人风险并付出巨大代价。

契克森米哈赖的第四个发现源于第三个：因为心流是可描述的，所以它也是可测量的。心理学家现在已经掌握了很多经过充分验证的测量方法。所有方法都可以衡量以上六种特征及其在特定体验中呈现的深度。

契克森米哈赖意识到的第五件事是：所谓的心流体验实际上是一系列体验。[9]从某种意义上说，心流和其他各种情绪一样，比如愤怒。你可能只是感到有点厌烦，也可能愤怒到想杀人——二者是同样的情绪，只是同一范围内的两个极端。心流也是如此。你可以处于其中的一端，体验低层次的“微心流”状态，也可以处于另一端，体验成熟的“宏心流”状态。

微心流状态会表现出所有六个核心特性或其中的大部分，只是程度最低。比如，你坐下来想写一封简短的电子邮件，一个小时后抬头一看，发现自己已经写了一篇文章。在这个过程中，你丝毫感觉不到时间在流逝，你的自我意识也在一点点消退——也许直到你写完那封邮件后才发现，自己真的必须得去一趟洗手间了。

宏心流状态是另一个极端。心流所有的特征将在此状态下爆发式地呈现。宏心流是一种准神秘主义，就如同我借助冲浪战胜莱姆病时的体验，它是我们在这个世界上可以拥有的一种最强大的体验。在宏心流状态下，不可能不仅会变成可能，而且会变成像吃早餐、系鞋带这样轻松简单的事情。

契克森米哈赖关于心流的第六项发现可能是最重要的。其研究发现，总体幸福感和生活满意度得分最高的人，是生活中最常体验到“心流”的人。心流是编辑生活的源代码。

下一个问题：源代码的源代码是什么？

这就是神经科学的作用所在。自从契克森米哈赖推动这项基础工作以来，脑成像技术突飞猛进，这使我们得以深入了解“心流”，探究这种状态从何而来，以及为什么会出现这种状态。正是这张比其他任何发现都更具争议性的地图，使得通过训练快速进入心流状态成为一种非常现实的可能性。

但我们现在讨论这一点为时尚早。

让我们从认知素养开始，对此形成基本理解：当我们呈现巅峰表现时，大脑和身体到底发生了什么？

心流神经科学

为了理解心流，我们需要了解之前介绍的四个方面的大脑活动的变化——神经结构、神经化学、神经电和脑网络——是如何共同创造出心流状态的。

其中两方面——神经结构和脑网络——可以回答大脑中哪些部位发生了变化。神经结构描述的是局部大脑结构，比如杏仁核和海马。但是，很少有活动只发生在大脑的单一区域，所以我们必须将脑网络也纳入探究范围，比如突显网络、默认模式网络、恐惧网络等。这些区域在大脑中被充分连接，或者倾向于被共同激活。

另外两方面——神经化学和神经电——则与交流有关。这是大脑发送信息的两种方式，既发送给自己，也发送给身体的其他部位。神经化学物质（多巴胺、5-羟色胺及其他所有神经化学物质）都是典型的信号分子，它们可以延续或抑制大脑活动。神经电也起相同的作用，不过它发送的是电信号而非化学信号。

为了探索心流，我们将从神经结构开始，或者说从心流产生的大脑部位开始，依次进行研究。不过，如果你想知道心流产生于何处，必须先了解心流产生于何时。不要问“这种体验何时发生”，而应该问：“在历史上，我们什么时候开始问‘心流产生于何处’这个问题？”

神经结构

在 20 世纪的大部分时间里，关于巅峰表现的主要思考始终集中在我们现在所谓的“10% 的大脑神话”上。[10] 这一观点认为，通常情况下，人类大脑只被利用了一小部分——大概 10%，因此，巅峰表现（也就是心流）一定是因为整个大脑都开始高速运转。

事实上，我们完全颠倒了。

在心流状态下，我们并没有提升大脑利用率，反而降低了大脑利用率。有一个术语描绘了这一现象，即“瞬时脑前额叶功能低下”。“瞬时”意味着这种状态是短暂的；“低下”是“超高”的反义词，它意味着慢下来、关闭或停用；“脑前额叶功能”指的是前额叶皮层的功能。[11]

前额叶皮层是一个强大的大脑部位。正如我们所见，它是许多高级认知功能的基础，注意执行力、逻辑决策、长期思考、道德感、意志力……这些功能都汇集于此。然而，在心流状态下，大脑的这一部分会停止工作。

当我们进入心流状态时，对注意力高度集中的需求会增强，缓慢而大量消耗能量的外部系统（即有意识活动）会被更快、更高效的潜意识活动（即内在系统）所取代。“这是（另一种）效率交换，”对发现这一现象做出贡献的贝鲁特美国大学神经科学家阿恩·迪特里希说，“更高级的认知功能消耗的能量通常被我们用来换取更强的注意力和意识。”[12]

这就是在心流状态下时间流逝得如此奇怪的原因之一。时间感知是前额叶皮层不同部位共同计算的结果，[13]这是一种网络效应。但是，就像任何一个网络一样，当太多节点关闭时，整个系统就会崩溃。这种情况下，我们无法再区分过去、现在和未来，而是被推入“深度的现在”。

"深度的现在"对于表现有很大影响。我们的恐惧和焦虑大多不存在于当下。我们担心的要么是很久以前发生的可怕事情，现在记住它们以免重蹈覆辙，要么是未来可能发生的可怕事情，我们试图从现在开始就避开它们。但如果过去和未来不在考虑范围内，焦虑水平就会直线下降。系统中的应激激素消失，取而代之的是提振情绪的化学物质，比如多巴胺。由于好心情可以增强我们找到想法之间关联的能力，创造力就会突飞猛进。

我们的自我感知也会发生类似的变化。[14]"自我"是另一种网络效应，由前额叶皮层的一系列不同结构产生。一旦这些结构开始关闭，自我感知就会开始消失。

2008年，约翰斯·霍普金斯大学神经科学家查尔斯·利姆使用功能性磁共振成像技术扫描了心流状态下即兴演奏的爵士音乐家的大脑，观察到了这种消失现象。[15]他发现他们的背外侧前额叶皮层——我们熟知的负责自我监控的大脑区域——几乎丝毫未被激活。[16]自我监控意味着自我批判，质疑声和贬低声会萦绕在我们的脑海。由于"心流"是一种流动的状态——也就是说，问题几乎是自动解决的——思前想后只会减慢这个过程。当背外侧前额叶皮层被抑制时，这些疑虑就从源头上被切断了，这让我们解脱出来。我们毫不犹豫地行动。创造力变得更加自由流畅，冒险变得不那么可怕，两者的结合让我们以更快的速度体验心流。

神经电

脑电波功能的变化进一步推动了这一过程。在心流状态下，我们的脑电波从代表清醒意识的高频 β 波转换到频率较低的 α 波和 θ 波之间。[17]

当你读这本书的时候，你的脑电波就处在 β 波段，这是清醒、警觉和集中注意力的神经信号。这通常意味着前额叶皮层正处于激活状态，而注意执行网络正在发挥作用。如果调高波段，放大至“强 β 波”，就会导致注意力过强，引起焦虑、应激反应、过度思考。

α 波比 β 波频率略低。大脑在 α 波段会暂时停顿，我们的思绪在不同的想法之间飘移，大脑处于放空和做“白日梦”的状态。当默认模式网络被激活时，α 波就会出现，这就是 α 波常常与创造力联系在一起的原因。

频率更低的 θ 波通常出现在快速眼动睡眠期（REM）或入睡前，在这种催眠状态下，各种想法会以幻象的形式结合在一起。在 θ 波中，你思考的那件绿色毛衣会突然变成一只绿海龟，然后变成一片绿色的海洋，最后变成一个绿色的星球。

尽管最低限度心流状态下，脑电波似乎徘徊在 α 波和 θ 波之间（大约 8 赫兹），但我们不会一直停留于此。当我们做出决定时——心流是一种不断做出决定的行动状态——我们就会脱离心流基准线。我们每个人都会遇到这种情况。巅峰表现者和其他人最大的区别之一就是，巅峰表现者可以回到心流基准线，而大多数人会分心。

最后，还有一种脑电波需要考虑—— γ 波。当大脑在不同想法之间建立联系时，会出现一种极高频率的脑电波，这一过程被称为“捆绑”。之所以如此称呼，是因为连接不同想法的行为实际上改变了大脑，将神经元捆绑在一个新的网络中——从字面意思来看，就是想法之间连接的物理呈现。当我们经历所谓的顿悟时刻，也就是突然迎来突破时，问题的解决方案突然出现在我们的意识中，就会产生这种捆绑。[18]

约翰·库尼奥斯和马克·比曼的研究表明，我们在顿悟之前，大脑会经历一轮 γ 波脉冲。但 γ 波和 θ 波是“耦合的”，这意味着我们只有在已经生成了 θ 波的情况下才能产生 γ 波。由于心流产生于 α 波和 θ 波的边界，所以我们会永远停留在“顿悟”的边缘。正因为如此，当我们处于这个区域时，总有机会取得重大的创造性突破。

神经化学

与心流相关的神经化学机制已经成为科学界颇受欢迎的“侦探故事”。这个谜团出现于 20 世纪 70 年代末，当时描述跑步者巅峰表现的时髦词汇是“跑者高潮”，而不是今天我们所熟知的“心流”。研究人员认定，内啡肽是这种快感背后的秘密武器，当时内啡肽才刚刚被发现。

内啡肽是一种非常强大的奖励性化学物质。它能让人产生快感，还可以止痛，是我们体内生成的阿片类物质，这意味着它与海洛因、奥施康定等体外阿片类物质的受体位点相同。问题是脑内的内啡肽很难测量，没有人能最终证明它的存在。这种挫败感在 2002 年达到了高潮，当时的神经科学学会主席胡达·阿基勒告诉《纽约时报》，跑步者体内的内啡肽“完全是流行文化的臆想”。[19]

“侦探”们陷入了僵局。

这种状况持续了几年。之后，阿恩·迪特里希发现了另一条线索。迪特里希是第一位提出“瞬时脑前额叶功能低下”这项心流机制的神经科学家，当时他正在对耐力运动员进行研究。在经历“跑者高潮”的运动员的大脑中，他发现了一种大麻素。[20]

“大麻素”（anandamide）这个词来源于梵语“阿难陀”（ananda），其原意是“极乐”。大麻素是另一种镇痛剂和愉悦性神经递质，其作用和受体与四氢大麻酚（THC，大麻中的主要精神活性物质）的作用和受体相同，抽大麻之所以感到愉悦就是因为四氢大麻酚的存在。迪特里希的发现已经被证实，并得到进一步深入。我们现在知道，大麻素不仅会在运动带来的心流体验中产生，也会在唱歌跳舞时出现，而且很可能在任何心流状态下都会出现。

2007 年，德国神经科学家使用正电子发射断层扫描技术（PET），发现了心流状态下大脑中内啡肽的存在，证明了胡达·阿基勒的错误，为这个问题画上了句号。[21] 紧接着，埃默里大学的心理学家格雷戈里·伯恩斯提出，多巴胺存在于心流中，[22] 其他研究人员也支持这一观点。[23] 由于突显网络在心流中呈现活跃状态，其他研究人员意识到，去甲肾上腺素也必然存在于其中。[24] 最后，也有人认为 5–羟色胺和催产素存在于心流中，尽管还没有足够的证据证明。[25]

可以肯定的是，所有这些神经化学物质都有助于解释为什么我们将不可能变为可能时，心流总会出现，因为这些神经化学物质影响了高效能三角的所有三个要素：动机、学习力和创造力。

在动机层面，上述六种神经化学物质作为奖励物质，使心流成为我们所能拥有的一种最有价值的体验。这就是为什么研究人员将心流称为“内在动机的源代码”，也是为什么麦肯锡发现心流状态下生产力被放大了 500%——这就是令人上瘾、愉悦的化学物质的力量。[26]

学习也是由化学因素驱动的。某种体验中出现的神经化学物质越多，这种体验就越有可能从短期记忆转变为长期记忆。由于心流产生了一种巨大的神经化学“鸡尾酒”，我们保存信息的能力突飞猛进。高级大脑监测公司（Advanced Brain Monitoring）与美国国防部的研究发现，在心流状态下，我们的学习能力飙升了 230%。[27]

同样的化学物质始终伴随着大脑的创造过程，使得创造力实现了更大的飞跃。因为这些化学物质的存在，我们每秒钟能够接收更多的信息，也得以更加关注接收到的信息，并可以更快地发现接收到的信息与原有想法之间的联系——因此，数据采集、突显和模式识别能力都会大幅提升。我们还会发现这些想法之间存在着更广泛的联系，因此更容易进入横向思维。当然，仅仅有一个绝妙的想法是不够的，你还必须把你的想法告诉外界，所以冒险也是创造力所需要的。得益于我们体内的多巴胺，冒险所带来的刺激也会被放大。更妙的是，哈佛大学的特里萨·阿马比尔发现，心流所产生的高度创造力比心流状态本身更持久，可以持续一天甚至两天。[28]

这种神经化学组合作用使得心流对于颠覆式突破至关重要。同样重要的是，追求高且有难度的目标通常需要团队合作，而神经化学机制在其中起到了重要的作用。

心流有两种类型。由于本书大部分内容都是关于个人表现的，所以我们的关注点通常是个体心流。还有一种群体心流，即共享的集体状态。共享心流状态的驱动力同样是上述六种神经化学物质，它们都具备“亲社会”属性，或者说具备加强社会联系的属性。去甲肾上腺素和多巴胺的结合使人坠入爱河，内啡肽创造了母性纽带，催产素强化了信任，5-羟色胺和大麻素促使我们向他人敞开心扉，同时帮助我们在社交场合保持冷静。因为有了这些化学物质，所以在心流状态下，人们更容易建立合作。

脑网络

脑网络是心流科学尚未完全了解的研究领域，但这是意料之中的，因为连接体——脑网络接线图——是神经科学的最新前沿之一。让我们先来了解我们认为已经掌握的信息。

越来越多的研究表明，心流与突显网络、注意执行网络和默认模式网络之间复杂的相互作用有关，但也有一些发现与之相反。大量证据表明，心流可以激活突显网络和注意执行网络，同时关闭默认模式网络。问题是，心流可以提升创造力，而创造力与默认模式网络的活跃度有关。换句话说，还有很多谜题有待解开。

而我们已经做了更多的研究。

心流研究小组和斯坦福大学的神经科学家安德鲁·休伯曼进行的另一项研究表明，与丘脑和内侧前额叶皮层之间回路有关的大脑战斗反应，属于心流的早期状态。[29] 在这种状态下，恐惧系统的其他反应都未被激活，而产生多巴胺的奖励系统则高度活跃。此外，得益于瞬时脑前额叶功能低下，脑网络会让我们产生忘我的感觉。

当然，这个谜题远未解开。尽管我们并非无所不知，但对如何使自己变得更强、更有威慑力已经足够了解了——这使我们能触发心流，并引出了一个问题：如何才能在生活中获得更多心流体验？

第 21 章

心流触发器

20 世纪 70 年代，契克森米哈赖刚开始研究心流时，认为这种状态有九个核心特征，而非上文所说的六个。另外三个分别是明确的目标、即时的反馈以及挑战与技能的平衡。此后几年，随着心流研究的深入，我们逐渐明白，尽管这些特征会伴随心流出现，但这是由其他原因造成的。与其说它们是心流状态的特征，不如说它们是引发心流体验的原因，或者说是契克森米哈赖后来提出的“心流的近端条件”，即我们现在所知的“心流触发器”。[1]

直至今天，我们总共发现了 22 个心流触发器。[2]可能还有更多，但截至目前，研究成果仅限于此。所有触发器都是以将注意力集中至当下的方式来触发心流，[3]具体而言，主要有三种方式：推动去甲肾上腺素和（或）多巴胺这两种有助于集中注意力的化学成分进入身体系统，或是降低认知负荷，释放出额外的能量用于集中注意力，或是两者兼而有之。

在《超人的崛起》一书中，我将这些触发器分为四类：心理触发器、环境触发器、社会触发器和创造性触发器。此后，我更改了其中一些类别的名称，以便更准确地反映它们的功能，同时重新划定了一部分触发器的类别。对此改动我很抱歉，但科学的发展就是这样不断更迭。

我们已经探索了其中的许多触发器，在这里，我们将对这些概念进行扩展，并将它们整合在一起，创建一个实用的、更宏大的策略图景。但最重要的一点是，这些触发器是你的工具箱。如果你想在生活中拥有更多心流体验，那么就需要围绕这些触发器来构建你的生活。

内部触发器

内部触发器是指我们的心理条件，即创造更多心流体验的心理环境。早在20世纪70年代，米哈里·契克森米哈赖就将“明确目标”“即时反馈”以及“挑战与技能的平衡”作为三个最关键的条件。他还将“注意力完全集中”列为心流的特征之一——现在仍然是，后来又将其列入触发器列表（原因很明显）。与此同时，研究内在动机的心理学家在清单上列出了另外两个触发器：“自主性”和“好奇心–激情–使命感”组合。

我们从自主性讲起。

自主性

自主性是一种心流触发器，因为自主性和注意力同属耦合系统。当我们同时掌控自己的思想（思想的自由）和命运（选择的自由）时，就会全身心投入。契克森米哈赖在其2014年的论文《注意力和行为的整体方法》（Attention and the Holistic Approach to Behavior）中这样解释：

> 如果注意力是一个人与环境交换信息的手段……那么，自主集中注意力便是一种最佳互动状态。在这种状态下，一个人会觉得自己活得酣畅淋漓，并且对自己掌控自如，因为他/她可以引导交互信息的流动，这种流动将人与环境连接为一个互动系统。我知道自己活在当下，我是个重要人物，我举足轻重……集中注意力的能力是减轻自我焦虑、降低对无力感和缺乏自我存在感的恐惧的最基本方式。可能正因如此，专注练习这种令人愉快的体验被主观地解释为自由。[4]

这段引文让我们看到了这个过程背后的机制。注意力可以由多巴胺和去甲肾上腺素产生，这取决于我们所关注的对象。活得酣畅淋漓的感觉，实际上是这些化学物质带来的兴奋感和愉悦感，而掌控感则是因为这些化学物质强化了大脑的信息处理机制。

同时要知道，契克森米哈赖所描述的“自我焦虑”是我们对死亡的恐惧和对生命的渴望。这是一种持续的认知负荷，心理学家欧内斯特·贝克尔称之为“拒斥死亡”（the denial of death）。[5] 把注意力集中在当下，意味着把注意力从这些形式的焦虑上移开。这减轻了我们的负担，赋予了我们更多的精力去集中注意力。

那么，我们到底需要多少自主性才能触发心流呢？

我们在前文中分析了谷歌、3M 公司和巴塔哥尼亚公司所采用的不同方法，对这个问题做出了回答。我们发现，投入15%~20% 的时间已经绰绰有余，同时确保至少对以下四件事拥有自主性：充足的睡眠，有规律的健身，能够在警觉性最高的时候工作，能够在需要的时候追逐心流。

而且，当你追求高强度心流的生活方式时，这是一个更佳的起点。前文已对该概念有所阐述。此处，我想再增加一个元素：说“不”的艺术。

如果机会会降低巅峰表现者的自主性，他们通常会拒绝机会，即使是极好的机会。通常，金钱是罪魁祸首。例如，众所周知，作家们总会经历一段付不起账单的艰难时期，网站、杂志和报纸有时会给这些作者做编辑的机会，以便获得固定收入，解决生存问题。安稳和保障充满诱惑力，名声也一样。然而，成功的作家和失败的作家之间的一个主要区别是什么呢？成功的人会对诱惑说“不”，其他人则会接受诱惑，代价是失去自主安排日程的权利，丧失定期写作的能力，最后变成一名普普通通的编辑。

这样的出局者几乎在任何行业都随处可见。如果你真的有兴趣持续不断取得卓越成就，那么就必须明白，“说‘不’的艺术”是与“不可能的艺术”交织在一起的。为什么？因为“自主性的艺术”是“心流的艺术”不可或缺的条件。

好奇心-激情-使命感

德勤前沿中心（Deloitte's Center for the Edge）联合创始人约翰·哈格尔在全球范围内对不同领域表现最佳的人进行了一项研究，他发现："那些发展得最好、最快的个人和团队，正是那些不断挖掘激情并创造心流体验的人。”[6] 为什么？因为好奇心、激情和使命感是心流体验的触发器——这三种内在驱动因素的组合可以无条件帮助你集中注意力。

“组合”是关键。当这三种驱动因素完美地叠加在一起时——尤其是纳入使命感时——其力量就会显著增强。从神经生物学角度来看，每一种驱动因素都有可能驱动多巴胺和去甲肾上腺素进入我们的身体系统。它们叠加在一起，共同引发了剧烈的神经化学反应，强化了我们的注意力，并开始将意识转向心流。

更重要的是，激情是一种颇具利己主义色彩的体验，而使命感解决了这一问题。激情产生了以自我为中心的关注焦点，我们往往不愿放下傲慢和所谓的自尊。为什么这很重要？因为我们的傲慢会促使前额叶皮层处于活跃状态，使其几乎不可能实现瞬时脑前额叶功能低下。但是使命感能改变我们的视角，让我们将注意力从自身转移到手头的任务上。一旦我们把注意力转移到自身之外，就更容易从我们的头脑中解脱出来，进入心流之境。

完全专注

心流伴随专注而出现。只有当我们所有的注意力都锁定在当前时刻，坚定地瞄准手头的任务时，这种状态才会出现。这有助于我们放下傲慢，激活前额叶皮层。当我们锁定注意力，着手处理任务时，集中在任务上的注意力就会将行动与意识合二为一，激活自动化处理程序。此时，大脑状态就会从以意识为主导转换到以无意识为主导，而对心流有破坏作用的自我则会置身事外。

正因如此，完全专注不仅是一种心流触发器，也是决定心流成败的关键因素。每当我与其他机构合作时，我告诉人们的第一件事就是，如果他们不能在门上挂一个写着“走开，我在感受心流”的牌子，他们就做不了这项工作。这意味着不能分心。不要妄想同时进行多个任务，关掉电子邮件和手机，不看流媒体，也不刷社交媒体。

这个状态要保持多久呢？

研究表明，90~120 分钟不间断地集中注意力是最理想的时间段，我们可以最大限度地集中注意力，进而进入心流状态。[7]如果手头的任务需要显著的创造力，那么蒂姆·费里斯建议，有必要留出“4 小时时段”。更重要的是，由于自主性和注意力同属耦合系统，在这 90~120 分钟的时间里，确保手头的任务正是你想做的事情。

如果手头的任务不能让你心甘情愿地全身心投入，那就为自己寻找一个更充足的理由。找到任务中与你的好奇心、激情和使命感相一致的元素，在任务中找到一些可以帮助你提高技能的闪光点，然后持续精进。这是一种认知重构的方法，可以显著增强心流。

最后，提前与他人做好沟通。在当今世界，很难做到长时间不间断地集中注意力。告诉你的老板、同事、配偶和孩子，你到底在做什么以及为什么这样做。虽然一开始看上去是在浪费时间，但事后回过头来看，实际上是在节省时间。一旦心流开始有规律地带来效能和生产力的提升，你就能在更少的时间里完成更多的工作，也会有更多的时间留给你的老板、同事、配偶和孩子。

明确目标

明确目标告诉我们该于何时将注意力集中在何处。如果我们的目标足够明确，大脑就不必忧虑接下来要做什么——它已经得到了答案。因此，注意力会更集中，动机会更强，无关的信息会被过滤掉，这可以降低认知负荷，释放出更多的能量以集中注意力。行动和意识开始合二为一，我们置身于“深度的现在”。在“深度的现在”里，过去和未来消失了，自我的空间被大大压缩——过去、未来、自我等讨厌的入侵者，最有可能使我们脱离当下。

这也揭示了一些需要重视的信息。想到“明确目标”时，我们大多数人都倾向于忽略形容词“明确”而只关注名词“目标”。当被告知要设定明确目标时，我们会立即想象自己站在奥林匹克领奖台上，站在奥斯卡颁奖台上，或是跻身《财富》世界500强榜单，然后发表感言："我从15岁开始就一直在憧憬这一刻。"

我们认为这就是问题的关键。

那些演讲席上的高光时刻会把我们带离当下。即使成功就在几秒钟后，但它仍然是发生于未来的事件，受希望、恐惧和各种令人分心的因素所支配。想想那些著名的体育盛事：NBA（美国职业篮球联赛）总决赛最后一秒的失球，奥古斯塔大师赛的最后一击。在那些时刻，目标的引力把参与者带离了当下，而讽刺的是，只有专注于当下，他们才能获胜。

如果我们的目的是创造更多心流体验，那么重点就会落在"明确"而非"目标"上。明确赋予了我们确定性。我们知道要做什么，知道在做事时要把注意力集中在哪里。当目标明确时，元认知就会被当下的认知所取代，"自我"就会置身事外。[8]

如果我们希望把这个理念运用到日常生活中，就需要把任务分解成一个个子任务，然后设定相应的目标，还需要瞄准挑战与技能的最佳平衡点。举个例子，一名作家最好试着写出三个精彩绝伦的段落，而不要妄图妙笔生花写出整整一章。思考具有挑战性但又难度可控的问题——给大脑足够的刺激把注意力集中到当下，但又不至于压力大到将你带离当下。

当然，最清晰的目标应该与我们的宏大变革目标、高且有难度的目标以及我们所有的内在动机——好奇心、激情、使命感、自主性、掌控感、恐惧等相一致。简单来说，一旦把这些元素完美地结合在一起，就很难再脱离当下。

即时反馈

即时反馈是另一条专注于当下的捷径。[9]这个术语指的是因果之间直接、瞬时的耦合。作为一种注意力聚焦机制，即时反馈是明确目标的延伸。明确的目标为我们指明该做什么，即时反馈则为我们指明改进的方向。

如果我们知道如何实时改善表现，大脑就不会脱离原有轨道去寻找改善的线索。我们可以让自己完全处于当下，全神贯注，从而更有可能进入心流状态。

在我们的生活中，启动该触发器相当简单：加强反馈循环。让机制运转起来，这样我们就不会走神。你要从外界获取更多信息输入。需要多少呢？放弃季度复盘，考虑一下每日复盘吧。研究发现，在缺乏即时反馈循环的职业中——例如股票分析、精神病学、医学——即使是顶尖高手也会随着时间的推移越来越力不从心。与其他科室相比，只有外科医生离开医学院越久医术就越高明，为什么呢？因为如果手术台上搞砸了，就会出人命。这就是即时反馈。[10]

同样重要的是，确定你究竟需要什么样的反馈。这要看个人偏好。有些人更容易接受正面反馈，看到自己的进步；有些人则更喜欢负面反馈，直面残酷事实。有些人喜欢看书面反馈，有些人则更喜欢听口头反馈。有一种简单的方法可以确定最适合自己的反馈方式，那就是回顾性分析。回顾以往的三次深度心流体验，想一想：你收到了什么样的反馈？多久收到一次反馈？带着这些问题，在接下来的几个星期里，当心流出现时验证你的答案。

还有，量力而行。

我的建议是，确定你的“最小心流反馈”。

作为一名作家，我想知道关于自己作品的三个问题的答案：这部作品是否枯燥无味？这部作品是否令人不知所云？这部作品是否字里行间充斥着优越感，令人感到不受尊重？这是我最常犯的三个错误，所以，如果我能得到对这些问题的反馈，就能知道该如何改进。这就是我进入心流状态所需要的最小反馈。

为了获取这些信息，我与一位编辑一起工作，我每写完一篇文章，他都会在几天内阅读。但这只是我的习惯。如果你不想雇人做这份工作，那么就找一位反馈伙伴。最重要的是，让彼此保持专注。反馈伙伴不应该评判对方在生活中所做的每件事是对的还是错的，而应该提供一种严格的指导分析——对你有足够的指导性，但你也不是必须言听计从。如果你能准确地告诉你的反馈伙伴，自己在寻找什么信息——你的最小心流反馈，往往就可以避免他们的主观意见。

可以肯定的是，确定最小心流反馈不是一件一蹴而就的事，训练一名反馈伙伴也并非轻而易举。但如果你有兴趣培养高强度心流的生活方式，那么这就是你无法逃避的另一场冒险。当然，除非你甘愿一辈子平庸。

挑战与技能的平衡

挑战与技能的平衡是最重要的心流触发因素，其背后的原因值得回顾。心流需要专注于特定的任务。当任务的挑战性稍微超出我们的能力范围时，我们会把注意力集中在手头的任务上；如果挑战难度过高，我们就会被恐惧所吞噬；如果挑战过于简单，我们就会心不在焉。心流出现于无聊与焦虑之间的情绪中心点附近，但并非恰好处于这个中心点，科学家将其称为“心流通道”。当我们的情绪处于这一区位时，任务的难度足以让我们拓展能力边界，但又不至于让我们崩溃。

这个“甜蜜点”将注意力锁定在当下。如果挑战处于已知技能范围内——这意味着我以前成功过，而且我相当确信自己可以再次取得成功——结果就是预先确定的。我们对此感兴趣，却无法沉迷于此。但是如果我们不知道接下来会发生什么，就会更加关注接下来发生的事。不确定性会将我们的火箭推进至完全投入的当下。

但也有一些需要注意的地方。

事实上，有很多需要注意之处。长期以来，人们一直在争论“挑战”和“技能”分别意味着什么。研究人员绞尽脑汁，逐渐发现了七大要素，我们对其中很多耳熟能详，它们是：自信、乐观、思维方式、实际技能、焦虑容忍度、延迟满足能力以及社会价值观。[11]

有一些要素值得详细探讨。例如，自信和乐观似乎是显而易见的。我们对自己的技能越自信、越乐观，就越会觉得挑战很轻松。然而，我们并没有从实际的角度出发评判我们的技能，相反，我们只是在表明自己看待这些技能的态度。有人可能会认为，对于触发心流而言，态度比实际水平更重要，但事实并非总是如此。例如，研究表明，精英运动员在运动时的感受与他们的技能水平同样重要。

社会价值观也很微妙。许多早期的高效能思想家，包括尼采、威廉·詹姆斯和弗洛伊德，都赋予家庭和文化相当重要的地位。他们认为，摆脱社会限制是实现自我所必需的第一步。当然，在此后的数年里，现代化、全球化和社会进步的力量已经撬动了这些枷锁。然而，这些障碍仍然存在，想要实现巅峰表现的人必须继续应对这一挑战。

在《超人的崛起》中，为了最大化这一触发器的力量，我提到了 4% 这个神奇的数字。这意味着，当任务难度比我们实际的技能水平高出 4% 时，我们能够最大限度地把注意力集中于手头的任务。我还提到，这个数字更多的是一种比喻，而不是一个实际的指标。然而，在这本书出版后的几年里，这个比喻对成千上万的人产生了积极的效果。

此处需要解释一下为什么说 4% 是一个微妙的数字。

如果挑战难度超出实际技能 4%，说明它足以将你推出舒适区。这对害羞、怯懦和厌恶风险的人来说是个问题，4% 意味着挑战与技能的天平开始向使他们神经紧绷的那一侧倾斜。这就是为什么说焦虑容忍度是挑战与技能平衡点的关键组成部分。如果你操作正确，就会脱离自己的舒适区，所以必须学会适应不适感。

对于激进的 A 型人格则恰巧相反。我们发现，4% 对他们来说是微不足道的，不值得重视。追求刺激的优等生会去应对比自身技能水平高出 20%、30% 甚至 40% 的挑战，仅仅是为了体验过程中的刺激感。但是，如果只把目光放在那些高山上，恰恰会让我们失去攀登高山所需要的状态。

这并不意味着不去设定高且有难度的目标。它们只要被拆解为可控的步骤，就能成为明确的目标。什么是完美的明确目标？就是挑战难度比技能水平高 4%。

例如，我在写一本书的时候，会通过每天计算字数来解决这个问题。一开始，在我理清思路之前，我的目标是每天写 500 字；写作过程中，当我有了更清晰的方向时，目标就增加到每天 750 字；在我快要完成的时候，目标就会增加到 1000 字。换句话说，虽然挑战与技能的最佳平衡点可能在不断变换，但 4% 始终是我瞄准的目标。

要把这个方法应用到你的生活中，只需要想想你每天要面对的最重要的任务，然后问问自己，对拓展能力边界的要求是过高还是过低。挑战是不是太难了？思考问题时是否会产生过多的焦虑？如果是这样，就把它拆分成更小的任务，减轻负担；如果情况正好相反，你发现面对的挑战不够刺激，那就加大难度，为自己设定更高的门槛。不管怎样，调整一天中所做的每一项任务，使它们都处于挑战与技能的最佳平衡点上。

外部触发器

外部触发器指的是环境触发器，也就是驱动我们进入深度心流状态的环境特性。外部触发器共有三种，不过它们的作用方式是一样的，即推动多巴胺和去甲肾上腺素进入我们的神经系统，增强注意力，推动我们进入心流状态。

严重后果

严重后果指的是潜伏在我们周围环境中的威胁。[12] 一位首席执行官走进会议室，一名士兵偷偷潜入敌后，或者一名冲浪者乘着冲浪板冲向大海。无论哪种情况，危险都是这种体验的内在特征。

但危险有助于我们的事业。

风险会增加我们体内的去甲肾上腺素和多巴胺含量。事实上，“肾上腺素激增”的说法是不准确的，因为很少有人真正喜欢肾上腺素带来的感觉，但我们几乎所有人都渴望获得多巴胺和去甲肾上腺素。

值得注意的是，要区分“严重后果”与维持“挑战与技能的平衡”所带来的风险。从挑战与技能平衡的角度来看，这里的风险更多是一种应对挑战的方式，而非外部环境的特性。作为一名作家，如果我在一篇散文中表现得特别脆弱和真实，就意味着我略微脱离了自己的舒适区，并正确地利用了挑战与技能的平衡；如果我决定带着笔记本电脑爬上山顶，坐在悬崖边写作，那便是将自己置于一个会产生严重后果的环境。当然，你可以把这些触发器结合在一起——例如滑雪者试图从一道非常陡峭的斜坡上（会产生严重后果的环境）跳下悬崖（提高挑战与技能的平衡点），或者中层经理在公司会议上（会产生严重后果的环境）决定推行一个新想法（移动挑战与技能的平衡点）。

需要指出的一点是，严重后果触发器并不一定要冒生理风险。你可以把自己置于更危险的社会环境、创造性环境或智力环境中。去问任何一个正在接受培训的医生，他们都会告诉你，医学院是一个可能产生严重后果的智力环境。

社会风险是极佳的心流触发器。大脑处理社会危险的结构与处理生理危险的结构是一样的，有坚实的进化原理支持这一点。成为社区的一分子始终是我们生存的动力，这一点直到近些年才有所改变。回到三百年前，责骂你的邻居最终会被流放——实际上就是被判死刑。没有人能够独自存活。因此，大脑将社会危险视为致命危险——因为的确如此，直到近些年。

这些事实也在一定程度上解释了那些硅谷企业为什么将“在失败中前进”作为座右铭。这句格言创造了一个结果友好的环境，一个使人更容易进入高强度心流状态的环境。如果员工没有失败的空间，他们就没有承担风险的能力。脸书的主楼梯间里挂着一块牌子，上面写着：快速行动，打破规则（Move fast, break things）。这种态度对任何创新文化都至关重要。如果你不鼓励风险，就是在拒绝心流，而心流是推动创新的唯一途径。

正如哈佛大学的精神病学家内德·哈洛韦尔在《超人的崛起》中解释的：“要进入心流状态，一个人必须甘愿承担风险。

恋人必须暴露自己的灵魂，冒着被拒绝和羞辱的风险，运动员必须甘愿冒受伤甚至丧命的风险，艺术家必须甘愿忍受批评家和公众的嘲笑和轻视。而一般人——你和我——如果希望进入这种状态，就必须甘愿失败，暴露自己的无知或者丢脸。”[13]

丰富的环境

下一个心流触发器是“丰富的环境”。这是一个由三种独立触发器构成的组合：新颖性、不可预测性和复杂性。这三种因素都会促使多巴胺进入身体系统，从而吸引并保持我们的注意力，就像冒险一样。[14]我们分别来了解。

“新颖”是大脑最青睐的体验之一。正如我们所知，实际上有一个完整的脑网络致力于探测新颖性，即突显网络。从进化的角度来看，这很容易理解。新颖性可能意味着环境中潜伏着危险或机遇。由于这两种信息都对生存至关重要，所以大脑会优先处理这些信息。

“不可预测性”意味着我们不知道接下来会发生什么。因此，我们会特别注意接下来发生的事。斯坦福大学的学者罗伯特·萨波尔斯基的研究表明，由不可预测性导致的多巴胺峰值，尤其是与新颖事物相结合时，与可卡因等物质产生的多巴胺峰值体量非常接近。多巴胺飙升近 700%，这将极大地提升专注力，并将我们带入心流状态。

“复杂性”出现于我们强迫大脑扩大感知能力的时刻，例如，当我们站在科罗拉多大峡谷的边缘考虑地质年代问题，或者当我们凝视夜空，意识到很多奇异光点实际上是星系。这就是敬畏的体验，引发我们沉思的事物如此美不胜收、宏伟壮观，我们为其深深吸引，以至于感到时间慢了下来，当下的时刻被延伸到无穷。这一过程部分是由多巴胺驱动的，正因如此，这种体验成为心流状态的发端。

如何在自己的生活中运用这些触发器呢？只需增加环境中的新颖性、复杂性和不可预测性。

这正是史蒂夫·乔布斯在设计皮克斯工作室时所做的。乔布斯在大楼中心设计了一个巨大的中庭，然后将邮筒、自助餐厅、会议室和广为人知的唯一洗手间设置在了中庭旁边。公司各个部门的员工因此得以经常偶遇，极大地提升了新颖性、复杂性和不可预测性，从而产生了更多的心流体验，提高了创造力，公司也因此斩获了众多奥斯卡奖杯。

但是，你没必要搞得如此复杂。

去大自然旅行就可以达到这样的效果。自然环境具有高度的新颖性、复杂性和不可预测性，这会促使那些令人感觉良好的神经化学物质进入我们的身体系统，这也解释了为什么在树林里散步 20 分钟比市面上大多数抗抑郁药的效果都要好。

我们也可以尝试阅读，或者去离家很远的咖啡店办公，或者两者兼而有之，以此激活这些心流触发器。例如，每当我尝试学习一门新学科时，我总是带着课本去别的地方。新环境的新颖性、复杂性和不可预测性会推动心流产生，而心流则会降低学习新学科的难度。

深度具身

深度具身产生于内部触发器与外部触发器之间的临界点上。[15]深度具身是一种生理意识的扩展，这意味着当我们的多重感官共同参与一项任务时，我们会在最大限度上把注意力集中于这项任务。

如果你只是观察一个场景的展开，便只是一定程度的参与。但如果你置身于场景之中，那就会是一段更吸引人的旅程。这是运动员成功进入心流状态的主要原因之一。运动需要具身于场景之中——它就是在相应的场景中发生的。但绝不是只有运动员才能激活该触发器，这一点尤为重要。

几年前，契克森米哈赖和犹他大学教育研究员凯文·拉桑德开始探寻激发高强度心流体验的教育环境。他们最终发现了蒙台梭利教育法。[16]

蒙台梭利教育法强调“内在动机”以及“做中学”。事实上，由于后一个原因，蒙台梭利教育法常被称为“具身教育”。蒙台梭利教育法不提倡只通过读书来了解有机农业的相关知识，而是要走到户外，亲自种植一个花园。种植行为同时激活了多种感官系统——视觉、听觉、触觉、嗅觉——从而将注意力引导至当下，进而驱动心流体验产生。心流体验带来的学习能力提升，是接受蒙台梭利教育的孩子在几乎所有能想到的考试中都优于其他孩子的原因之一。

蒙台梭利教育法的要点很简单：动起来，在做中学。只需如此便可起效。调动多种感官需要我们投入全部注意力，而这足以驱使我们进入心流状态。

创造性触发器

创造力

如果你仔细观察创造力，就会发现它表现出两大特点：模式识别，即大脑将新想法联系在一起的能力；冒险，即将这些新想法付诸实践的勇气。这两种体验都会产生多巴胺，推动我们集中注意力，进入心流状态。

这意味着，对于那些希望生活中有更多心流体验的人来说，必须持之以恒地做好以下三件事：

第一，我们需要不断给模式识别系统加载其找到事物之间联系所需的原材料。这就是为什么每天要读 25~50 页与你从事的专业不太相关的书。

第二，学会用不同的方式思考。不要站在熟悉的角度解决问题，而是站在不同角度、用不同风格去解决问题。努力发挥你的想象力。大量增加生活中的新鲜事物，新环境和新体验往往是建立新想法之间联系的开始。

第三件事可能是最重要的：让创造力成为一种价值观和品质。你需要把生活变成一种艺术。或者，更具体地说，“不可能的艺术”需要建立在“生活的艺术”之上。

我们在极限运动世界中经常发现心流体验的一个原因就是这种优先级的转变。在 20 世纪 90 年代花样自由骑行运动兴起之前，我们通常以速度等容易衡量的指标来评判一个人是否优秀。在滑雪和单板滑雪比赛中，最快抵达山脚的人才是赢家。但到了 20 世纪 90 年代，人们放弃了这类检验式竞赛，开始重视创造力。最具创造力的表达才是衡量优秀的真正标准，风格成为重中之重。一位车手如何利用地形才是最重要的因素。创造力正是这样成了核心价值和品质，进而激发了大量的心流体验去打破不可能。

社会性触发器

在前文中，我们了解到心流有两种类型：个体心流和集体心流。虽然这本书的大部分篇幅都在阐述个体心流，但在这里，我想花一点篇幅来弄清楚如何触发共有的、集体的心流状态。

历史研究有助于我们理解集体心流。

心理学家基思·索耶最先发现了集体心流。[17] 索耶一生都热爱爵士音乐，他注意到，当乐队成员聚在一起，音乐响起时，人们的意识发生了根本性的转变。这是一种群体性思维的融合，产生了“整体大于部分之和”的效果。

为了研究清楚这种感觉背后的原理，索耶进入芝加哥大学研究生院，师从米哈里·契克森米哈赖。尽管契克森米哈赖注意到一群人似乎会同时进入心流状态，但他认为这不是一种共同体验，而是这群人中的每个个体进入心流状态时意外产生的副产品。但索耶不这么认为。

为了找出答案，他带着这个问题开始研究音乐领域，耗时近15年，调查了即兴爵士乐、喜剧表演和剧团中的集体心流。他的大部分工作都是与第二城市电视台合作完成的，这是一家总部位于芝加哥的喜剧团体，长期以来一直为《周六夜现场》（*Saturday Night Live*）等节目表演。索耶将节目录下来，然后采用一种细致入微的分析技术，逐帧回顾镜头。他在寻找那些标志性的时刻，那些团队齐心协力呈现出精彩表演的时刻。然后，索耶从这些时刻入手，倒推产生这些时刻的先决条件，最后发现这种共享状态有十个触发因素。

在索耶启动这项开创性研究之后几年，其他研究人员不断拓展和丰富了他的研究成果。集体心流被进一步细分为：社会心流，即出现在社会环境中的心流；人际心流，即两个人交谈时可能体验到的心流；团队心流，即团队协作中固有的触发器引发的心流体验。[18] 至少从心理学的角度来看，关于这种共享心流体验的本质以及导致这种体验的原因也有相当多的研究。

然而，我们的教育体制与此仍有很大差距。技术层面的限制阻碍了对集体心流或集体心流触发因素背后的神经生物学机制的深入研究。因此，虽然我们发现了一些类似的作用机制，但仍然存在相当大的研究空白。

尽管如此，正如下文所述，我们确实已经掌握了足够丰富的实用技巧及策略。

完全专注

与个体心流需要完全专注一样，集体心流也需要完全专注。

研究表明，将团队与外界隔离是最好的方法。关闭即时消息，不再同时设置多项任务，关闭智能手机和社交媒体，不要急着回复电子邮件。团队中的每个人都必须将注意力集中于团队本身，否则便无法进入集体心流状态。

共同的明确目标

为了激发集体心流，所有人都要朝着同一个方向前进，而共同的明确目标起到了关键引导作用。记住，共同的明确目标并不需要很花哨，重要的是让团队觉得他们在朝着同一个（或互补的）目标前进。

索耶发现，虽然高效能团队需要一个共同的目标，但如果目标过于集中，就会给团队心流体验带来负面影响。本质上，目标需要足够清晰，以便让团队知道他们距离成功还有多远，且进度可衡量，但同时要保持足够的开放性，为创造力的产生提供空间。

最近，其他研究人员提出了“集体雄心”概念作为这一触发器的变体。两者的主要区别在于目标的大小。我们此处谈论的待解决问题是共同的、明确的目标，而如果为解决某个问题而建立起团队，解决这个问题就成为他们的集体雄心。

最后，“一致的个人目标”已成为这个话题下的另一个变体。这意味着，如果你想要激发集体心流，团队与组成团队的个体必须实现双赢。如果团队成员心里清楚地知道，只有领导者才能赢得最后的鲜花和掌声，这无疑会稀释团队成员的多巴胺，进而导致团队无法进入集体心流状态。

共担风险

共担风险意味着团队中的每个人都要承担风险。索耶将其描述为“潜在的失败”，并认为如果不能做到每个人都承担坠落的风险，就不可能有机会帮助每个人腾飞。这也意味着所有人都要毫无保留地支持彼此，既给予每个人失败的空间，也能够在失败后帮助他们重新振作起来。

密切倾听

当注意力完全集中于此时此地，密切倾听就会发生。这意味着你不会在谈话过程中考虑接下来如何才能表现得谈吐诙谐，或如何以尖刻讥讽来收尾。相反，随着对话的展开，你会产生实时的、预期外的反应。同理心和注意力都被完全激活，你的表达会在交流中自然而然浮现出来。

良好沟通

为了激发集体心流，团队成员之间必须进行持续的对话。信息需要平等共享，正如战略和指示需要集体宣贯一样。从真正意义上说，良好的沟通就是团队间的即时反馈，而即时反馈正是触发个体心流的最重要的因素之一。真正的关键在于，反馈需要引导团队的集体行为，并提供充足的信息，使团队中每个成员独特的个人技能得以充分发挥。

融合自我

融合自我是一种集体的谦逊。当每个人的自我相互融合时，没有人能占尽风头，每个人都会全身心地投入其中。这会抑制前额叶皮层的活动，使集体行动和集体意识融合在一起，并创造一种共有的认同感。

平等参与

平等参与意味着人人各司其职，各尽其责。为了扮演好各自的角色，我们需要充分利用自己的技能，这也是信息必须在团队中公开透明的另一个原因。如果做不到这一点，就不可能平等参与，这种力量的失衡会阻止人们进入集体心流状态或将集体带离共有的心流状态。

熟悉性

熟悉性是指团队共享知识库，使用共同的话语体系，以及纯粹基于默契的沟通风格。这意味着所有人可以随时同频共振，并且当新的洞见出现时，不会因为需要冗长的解释而丧失士气。

熟悉性还要求我们足够了解彼此的习惯和行事倾向，以便意外事件发生时，团队能够以不意外的方式去应对。这里的目标是将不可预测性转变为可预测的趋势。当陷入困境时，你知道你的队友会如何应对，这样就更容易齐心协力，共同前进。

控制感

控制感是自主性与能力的结合，前者代表自发地做你想做的事，后者代表你所做的事正是你擅长的。这也体现了你在团队中扮演的角色与你自身的匹配度。

在团队中，这意味着你可以自主选择挑战，并有应对这些挑战的技能。也就是说，团队不会在未征得你同意的情况下给你分派任务，也不会（过于严格地）限制你实现目标的方式。

西班牙海梅一世大学的心理学家玛丽莎·萨拉诺瓦最近对这一观点进行了更深入的研究，她发现“集体效能信念”是预测集体心流的常用指标。[19] 可以将集体效能信念视为控制感的延伸，它指的是团队对自身的信心，团队必须相信自己可以完成工作。要将心流体验发挥到极致，集体控制感必不可少。

总是肯定

“总是肯定”（always say yes）是我们要讨论的最后一个触发器，或许也是最重要的触发器。“总是肯定”意味着以建设性的讨论方式进行互动，而不是争论。这一触发器源自即兴喜剧的核心法则。如果我以“嘿，浴室里有头蓝色的大象”启幕，那么回答“不，没有大象”就会把这一幕搞砸；但如果回答是肯定的——“哇，希望它没有把厕纸用光”——那么，就有可能发展出一个有趣的故事。

给予肯定答复可以帮助对方降低认知负荷，让他们投入当下。这些肯定的想法会推动多巴胺和催产素进入我们的身体系统，从而提升模式识别能力及社交抚慰感；这又会反过来催生更多的创意，并增加我们分享创意的意愿。集体动力由此而来。

但这并不意味着你必须一直同意每个人的观点。事实上，研究表明，认同他人是产生集体思维而非集体心流的秘诀。所以，你只需要在他人的观点中找到一些亮点，在此基础上构建自己的想法。以“头脑风暴”会议为例，你只需要这样说：“嗯，我不同意萨拉的一些观点，但她使用量子计算机发现药物的创意非常棒，原因如下……”我们的底线是让势头一直保持下去，因为这正是促使我们进入心流状态的动力。

关于心流触发器的最后建议

关于心流，一个公认的事实是，这种状态无处不在。只要满足一定的初始条件，任何人不论身处何方都可以进入心流状态。那么，这些条件是什么呢？就是上述 22 个触发器，就这么简单。

这也是有原因的。

作为生物有机体，我们的进化方式注定颇为保守。当某种特定的适应性起效时，就会一次又一次地重复其基本功能。心流是最为有效的一种适应性，所以我们的大脑对这种体验有着与生俱来的反应。取得巅峰表现是我们生而为人的使命，因此，人类很容易受到心流触发器的影响。上述 22 个因素在进化过程中对于生存至关重要，这意味着大脑会对其自动做出反应。

为了在生活中切实培养心流，需要将这些触发器植入生活的方方面面。训练冒险能力，寻求新颖性，强化反馈循环，时刻为模式识别系统补充信息以随时激发创造力，在人际交往中保持对他人的肯定态度，在每一次交谈中练习自我融合，都是有效的方法。

第 22 章

心流循环

我们一度认为心流就像电灯开关，要么打开，要么关闭；要么在心流状态，要么不在。但得益于哈佛大学心脏病专家赫伯特·本森的研究，我们现在知道，心流体验是一个包含四个阶段的循环过程，每个阶段都由大脑功能的不同和精确的变化做支撑。[1]你必须经历前面的阶段才能进入下一个阶段，你无法跳过某个步骤，只有经历完整的循环才能再次进入心流状态——这就是你无法时时刻刻生活在心流状态下的原因。

然而，虽然不可能一直生活在心流状态中，但毫无疑问，你可以最大限度地延长心流状态的持续时间。理解这个循环，便是朝着这个方向迈出了关键一步。对心流循环的理解让我们得以窥见提升心流体验的路线图。如果你知道自己现在身处何方，就会知道下一步的行动计划。所以，虽然你无法时时刻刻活在心流状态下，但绝对可以加快心流循环所有阶段的运转速度，显著增加生活中的心流体验。

需要注意的是，虽然心流体验令人陶醉，但这只是四个阶段中的一个，而其他阶段则会让人感到非常不适。事实上，我们会发现，不愉快是心流体验的内核，是一种不可避免的生理需要。

好消息是，你在这本书中学到的每一项技能都能对心流循环起到双重作用，不仅可以帮你更快度过艰难的阶段，还可以帮你延长积极的阶段，并使其效果最大化。

让我们细细道来。

第一阶段：挣扎

最优表现始于最大挫折。虽然心流会把人带上难以置信的巅峰，它却始于幽深的低谷。欢迎来到心流循环的第一阶段——挣扎。

挣扎是一个加载过程。我们不停地给大脑加载信息，造成信息过载。这就是为什么前额叶皮层在心流状态下并不活跃，在挣扎阶段却异常活跃。这一阶段以学习为主。我们需要有意识的头脑来获取技能和信息。然而，这意味着我们会听到内心的批评声。自我批评在心流状态下保持沉默，但不幸的是，在挣扎阶段，自我批评声会不绝于耳。

所以，请系好安全带。

原因如下：心流体验是围绕自动处理过程构建的，但自动处理的前提是技能储备。你需要先慢慢地、有意识地掌握技能，然后大脑才能完美地、无意识地执行。心流体验之所以令人感到流畅无阻，正是源于毫无瑕疵的无意识处理过程。当大脑知道该做什么时，它就会自动处理。但首先，我们必须学习该怎么做，这正是挣扎阶段的任务。

对于一位作家而言，挣扎阶段要做的就是确定主题，安排采访，阅读相关材料，写出章节概要。因为章节概要写得太差而气得捶胸顿足，在刚刚粉刷过的办公室墙壁上用擦不掉的红色记号笔勾勒可能的情节结构——因为自己太蠢了，连在脑海里勾勒情节都做不到——或许只有我会这样。

对于一名工程师而言，挣扎阶段要做的就是概述问题，确定边界条件，设计数学模型，判断可能的后果等。

对于一名运动员而言，挣扎阶段可能意味着技能习得。在橄榄球领域，接球手要学习如何跑出精确的路线，学习如何用身体阻挡对方的防守队员，学习被围追堵截时如何单手接球。当这些技能内化成肌肉记忆，身体能自动做出反应时，心流就会成为点睛之笔，帮助运动员收获“年度最佳接球”的闪光时刻。

在此过程中，不愉快几乎是不可避免的。挣扎阶段的任务是学习，然而工作记忆是一种有限的资源，一旦我们向大脑输入三四份新数据，就会占满大脑的存储空间，让我们疲于应对，之后我们试图输入的每条信息都会令我们产生挫败感。此外，由于潜意识更喜欢处理大量的数据，所以必须把自己逼到信息过载的边缘才能最大化这一阶段的效果。

在挣扎阶段，我们会再次发现持久巅峰表现带来的启示：情绪所表达的意义并不像我们认为的那样。这一阶段注定会令人沮丧。对大多数人来说，沮丧是他们正朝着错误方向前进的信号，意味着他们应该停下来重新思考，重新部署行动。但在挣扎阶段，挫折恰恰是朝着正确方向前进的标志，坚持下去，就能感受到心流体验。

这就是为什么这本书以驱动力、坚毅力和目标三个要素为基础来展开内容，也是为什么我们花了这么多时间来探索学习力和创造力。因为如果没有这些能力，我们就会在挣扎中停滞不前。问题正在于此：心流实际上是挣扎的救赎，是我们努力耕耘的酬劳。心理学家亚伯拉罕·马斯洛曾将心流体验命名为“高峰体验”，他是这样解释的：

> 高峰体验像是一种自我确认、自我证明的时刻……它被认为是一种价值非凡的体验，甚至是独一无二的。这种体验如此伟大，甚至有时试图证明其合理性都会剥夺其尊严和价值。事实上，许多人认为这是一种伟大而崇高的体验，它不仅自证合理性，甚至证明了生活的合理性。高峰体验的偶然出现让生活变得有价值。它们赋予生命意义，证明我们到世上走一遭是值得的。从消极的角度出发，我猜高峰体验有助于预防自杀。[2]

但如果你不能应对挣扎带来的挫败感，就无法获得心流体验，这意味着挣扎的痛苦得不到救赎。无论挣扎阶段持续几毫秒还是几个月，你都将饱尝这种痛苦。

从神经生物学角度来看，当我们的感官察觉到突显网络的活跃性大幅提升时，心流就会出现。当新的关键信息涌入大脑时，如果你不知道如何处理它们，如果你感到疲倦、悲伤或有压力，就可能陷入沮丧，一蹶不振。危险情况下，涌入的信息还可能导致创伤性压力和习得性无助①。然而，如果你已经训练有素，为新信息的涌入做好了准备，并且将应对方法内化成了肌肉记忆，大脑就会决定“反击”。

这一决定表现为人们长期以来所熟知的“战斗或逃跑”反应中的“战斗”。这个术语已经不是那么准确了，因为斯坦福大学的神经科学家安德鲁·休伯曼的研究表明，“战斗”和“逃跑”实际上是大脑不同部位产生的不同反应。[3]

战斗信号是在大脑中继站——丘脑中心——产生的。当这一信号被触发时，我们会经历一种矛盾的体验：既感到挫败，又对这种感觉喜爱有加。如果人类拥有自主选择刺激大脑任一区域的权力，就会一次又一次地刺激这个区域。为什么呢？这并不是因为我们喜欢沮丧感，而是因为这种沮丧感交织在一种我们永远不会厌倦的感觉中：勇气。

挣扎是一种对话。当大量信息涌入时，大脑会提出一个问

① 习得性无助：个人经历了挫折与失败后，再次面临问题时产生的习惯性无能为力的心理状态和行为。

题："嘿，你正在做的这件事比你想象的要困难得多。你是想耗费大量精力反击，还是想后退一步，寻找其他选择？"

心流始于我们做出反击的决定。回答大脑提出的问题可以将挫败感转化为勇气。我们需要这样回答："当然，我选择战斗。这就是我的立场！"

这也是勇猛精进的习惯如此重要的另一个原因。如果缺乏应对挑战的本能，大多数时候我们都会退缩。如果我们不能本能地"战斗"，就会倾向于寻找其他选择。

这也是由生物学机制决定的。大脑是消耗能量的主力，它消耗了我们身体 25% 的能量，却只占我们体重的不到 2%。因此，其首要任务是提高效率，尽可能储存能量。所以在大多数情况下，大脑都会倾向于选择逃跑。

而心流始于我们做出战斗的决定。

最后一条实用的注意事项：在挣扎阶段，充分利用触发器。在目标不明确或无法获得即时反馈的情况下，不要在挑战与技能的最佳平衡点之外挣扎。如果你真的陷入了困境，那么就利用新颖性、复杂性和不可预测性——也就是说，去探寻独特、新颖之处。确保你的模式识别系统已经严阵以待，确保自己不会因为心情不好而阻碍创造力的涌现。（如果心情不好，可以用感恩练习、正念练习、健身、睡眠等手段来修复你的情绪。）

在挣扎阶段，要避开"严重后果"这一触发器。当然，你需要承担足够的风险来让自己保持在挑战与技能的最佳平衡状态，但试图强行解决这个问题几乎不会有什么好结果——这是每个极限运动员经历千辛万苦才领悟到的教训。以我自己为例，我清楚地记得，我曾告诉自己："从雪山悬崖上滑下去吧，接下来的这一天里就能感受到心流体验了。"好吧，我说到做到。事实上，我那一整天都待在医院里，一整夜的外科手术的确把我断掉的手重新接好了，但在此过程中，我压根没感受到一丁点儿心流体验。

一旦进入心流状态，就必然需要承担风险，因为冒险是强化心流状态的一种方式。通常而言，冒险并不是促使你进入心流状态的常规手段——除非你也想把自己送进医院。

第二阶段：放松

心流循环的第二个阶段是放松。

在挣扎阶段中，前额叶皮层异常活跃，它需要全速运转以解决问题。在放松阶段，我们需要学会松弛和释放。这样做的目的是把注意力从问题上转移开，使潜意识接替意识完成信息处理工作。暂时关闭注意执行网络，把接力棒传到默认模式网络手中。放松阶段是一段孕育期，旨在让大脑的模式识别系统在你做不相关的事情期间思考一下待解决的问题。

那么，我们可以做哪些不相关的事情呢？

研究表明，低强度的体力活动可以起到最佳放松效果，比如开车去远一点的地方，制作飞机模型，在花园里侍弄花草，弹吉他。我个人喜欢画画、徒步旅行或者读书，阿尔伯特·爱因斯坦则特别喜欢把船开到日内瓦湖中央。不幸的是，爱因斯坦不会游泳，也不擅长驾船，[4]由于这一地区经常遭受毫无征兆的暴风雨袭击，所以他常常被人从湖里捞出来。然而，正是因为这种放松方式对他的工作如此重要，他才宁愿冒着溺水的风险泛舟湖上。

另外，在放松阶段，也可以采用“麦吉弗法”。这一方法既可以把注意力从待解决的问题上移开，同时也有助于解决问题，而且给了那些永远不想停止工作的“拼命三郎”一个停止工作的理由。这种方法也会让你意识到，短暂小憩后回归工作，会比一直不停工作取得更大的进展。

有三点需要注意。

第一，不要在放松阶段把自己搞得筋疲力尽。在这一阶段，你需要暂时把注意力从问题上移开，但需要保留精力以便之后重新投入。如果你把自己搞得太累——比如，进行了剧烈运动——就需要在重新投入工作之前吃饱睡足，重振旗鼓。

第二，不要看电视。脑电波需要处于 α 波范围内才能达到休息效果，但快速变换的电视画面会把脑电波切至 β 波。

第三，并非所有挣扎阶段都具备相同特征。当你处于漫长的挣扎阶段时——比如想要写一本书、开一家公司或者学习概率论的来龙去脉——遵循“辛勤工作–放松活动”的顺序是有意义的。但是在那些挣扎阶段突然来临的情况下——比如骑山地车去户外时，道路突然变得陡峭而危险——该如何从挣扎中解脱出来呢？

过程是一样的，但时间更短。你需要触发战斗反应以进入心流状态，因此要切换到进攻模式，投入所有精力，冲破大脑保存能量的欲望。

然后，立即放松。

“相信你的训练必有成效。”海豹突击队有这样一句格言。深入问题，然后相信你的大脑有能力找到并执行完美的解决方案。这就是为什么你要在挣扎阶段艰苦奋斗，把那些行动计划内化成肌肉记忆。而现在，请把问题踢到一边，这样才能真正做到放松，即摆脱意识的主宰，让潜意识取而代之。

最后一条实用的注意事项：在放松阶段，尽力激活“深度具身”这一触发器。这才是低强度体力活动的真正意义所在。这也是兹洛托夫以及其他许多人在淋浴时能够顿悟的原因。带着工作时未能解决问题的挫败感回到家，冲个澡，洗刷掉令人沮丧的痛苦，感受水珠在身体上的跳跃，感受香皂在皮肤上的触感，这一切已经足以激活触发器，让你进入放松和心流状态。

第三阶段：心流

心流循环的第三阶段——心流状态本身。

由于我们已经对心流体验的感受有所了解，接下来我们将专注于如何最大限度地延长心流状态的持续时间。

让我们从维持心流开始。

一旦进入心流状态，最简单的维持方法就是避开以下四种可怕的“心流障碍”，也就是会使你很快脱离心流状态的四大因素。[5]

分心之事：干扰是中断心流体验的首要原因。一旦脱离心流状态，就很难再次进入。研究人员在针对计算机程序员的研究中发现，一旦脱离心流状态，至少需要15分钟才能再次进入，有时甚至无法再次进入。

这就是我们需要练习注意力管理的另一个原因，也是你应该远离任何令你分心的东西的原因。说真的，为什么要冒这个险呢?

消极思考：还记得为什么好心情对创造力如此重要吗?因为好心情使前扣带皮层得以找到不同想法之间遥远的联系。心流状态是一种高度创造性的状态，大脑在寻找这些联系。一旦开始消极思考，你就失去了这种能力。更糟糕的是，消极思考会重新激活前额叶皮层，自我批判又会卷土重来，进而破坏整个计划。

兴奋感不足：这是我们进行动机训练的另一个原因。缺乏斗志的人无法进入心流状态。在心流状态之中同样如此。如果没有足够的精力来维持这场战斗，你就会感到疲劳，无法长时间保持状态。这也是营养摄入、积极恢复、充足睡眠和定期运动很重要的原因。无论在何种情况下，以上任意一条都能帮助你振奋情绪。

准备不足：既包括生理准备，也包括心理准备。无论哪种情况，如果你不能将关键技能和能力内化成肌肉记忆，就无法进入心流状态。

与此同时，一旦进入心流状态，如果挑战难度增大——通常出于我们无法控制的原因——你就需要运用技能来迎接新的挑战。我的建议是，学习任何知识都要以问题为出发点，从各个角度理解问题，这样就不会留下薄弱环节。简而言之，必须对你所学的知识做到了如指掌，轻车熟路。

接下来的任务：强化心流。

世间万物有什么比心流体验更妙不可言？唯有更多、更持久的心流体验，更深层次的心流状态。有什么秘诀可以帮助我们吗？借助神经化学的作用让生活更美好。

本质上，在心流体验中，可以通过多巴胺和去甲肾上腺素将“微心流”转变为“宏心流”。心流触发器则是达成这一目标的方式。如果你正处于心流状态，想要持续更久或更加深入，就需要激活更多的心流触发器，比如提升你所做事情的新颖性、复杂性或不可预测性，比如采用更有创意的行事方式，比如稍微提高挑战难度，或者再多冒一点风险。

是的，风险。

在心流体验中，如果我们已经呈现出了巅峰表现，的确可以依靠“严重后果”来推动自己进入更深层次的心流状态。举个例子，如果你正在发表演讲（一种可以利用众多心流触发器的活动，通常会促使你进入心流状态），偶尔脱稿，即兴发挥一两分钟，是加深心流状态（进而提高演讲质量）的极佳手段。

同时，保持注意力集中，控制思绪。为了进入心流状态，我们必须排除外部干扰，但一旦进入心流状态，我们就容易受到内部干扰。这是因为模式识别系统的活跃度大大提升，我们被淹没于“了不起”的想法。因为身体系统中的多巴胺和去甲肾上腺素已经产生了兴趣感和兴奋感，所以我们并不需要花费太多时间去探索这些想法，也不会像漫游仙境的爱丽丝那样陷入某个偏离主题的兔子洞。

你必须学会克制自己。当然，可以顺着偏离主题的思路继续遨游——那可能是创造性洞见所在的地方——但要注意自己是否走进了死胡同。要知道什么时候该刹车，什么时候该重新把注意力集中到手头的任务上。要做到这一点，需要进行一些练习，在此过程中可能会损失一些心流体验。在心流状态下学会如何将心流体验最大化——这也需要付出心血。

因此，要牢记几句谨慎的忠告。尽管心流力量无穷，是完成某些任务时的理想状态，但对另一些任务则并不适用。在心流状态中，前额叶皮层的大面积区域都停止了活动，甚少作用于逻辑决策或制订长期计划。因此，进入心流状态的目的主要是获得深刻的洞见，但之后还需要制订一步步的计划，把它们变成现实。

此外，要知道，我们会在心流体验中浑然不觉地犯下错误。在活跃度陡增的模式识别系统与令人愉悦的神经化学物质的双重作用下，我们会误以为平庸的错误决定是了不起的发现。举个例子，永远不要在心流状态下买衣服。随着模式识别系统增强，长期规划减少，一切看起来都很美好，甚至买一件20世纪70年代迪斯科风格的涤纶外套也会变成一个聪明的选择。简而言之，记住一条不可动摇的规则：永远不要相信多巴胺。

第四阶段：恢复

心流是一种高能状态，但起伏必然相随，涨落必然相依。这就是为什么心流阶段之后紧接着恢复阶段。

在恢复阶段，我们需要给自己充电。心流状态所消耗的神经化学物质对大脑而言弥足珍贵，需要花一点时间再次把“油箱”加满。营养很重要，阳光很重要，睡眠也很重要。

事实上，睡眠至关重要。在心流状态下，学习能力会显著增强。但为了将信息从短期记忆转换为长期记忆，大脑需要维持δ波，进入深度睡眠。众所周知，δ波对于记忆巩固必不可少。这也是作息不规律就很难拥有高强度心流体验的另一个原因。

但是恢复阶段不仅与睡眠有关。

高强度心流状态下的生活方式需要积极的恢复方法。这就是为什么说恢复元气是一项坚毅力技能。并不是所有的恢复策略都能起到相同的效果，消极恢复——看电视、喝啤酒——是行不通的。[6]积极恢复包括正念冥想、桑拿、伸展运动、泻盐浴、按摩、冰浴等。

而且，积极恢复需要付出努力。

一天辛劳过后，即使是多花点时间洗个澡也会消耗额外的能量，令人感到洗澡变成了一项艰巨的任务。好吧，打起精神来，因为别无选择。

如果你想要尽快完成心流循环——这样就能尽早重新进入心流状态——那么你就必须认真地考虑如何恢复元气。如果不能在这一阶段补充弹药，就永远无法面对接下来的艰难战斗：新一轮的挣扎。如果没有站起来应对下一轮挣扎的力量，就无法再次回到心流状态。

最后，学会利用恢复阶段的力量。

在心流状态下，模式识别系统高度活跃，每个想法看上去都是那么别出心裁。在恢复过程中，那些令人自我感觉良好的神经化学物质消耗殆尽，自我批评声又开始在耳边响起，此时的我们处于一个完美的思维框架中，可以审视那些可能很棒的想法。

但不要做过头。

以我为例，如果我在写作时进入了心流状态，就会在当晚做一些积极恢复活动，第二天早上再回过头来审视自己的作品。此时的我仍然处于恢复阶段，因此我不会尝试解决我发现的任何问题。相反，我只会做好笔记，以便在下一轮挣扎阶段来临时重新审视它们，然后用冷静的态度看待问题。届时我的观点将免于愉悦性神经化学物质的影响，如果我仍然对自己的作品爱不释手，那么就说明这部作品的确值得被喜欢。

一旦我们恢复元气，将弹药库填充完备，然后再次进入挣扎阶段，我们便开始了下一个循环。

第 23 章

巅峰表现的元策略

在阅读本书的过程中，我们已经探索了相当多实现高效能的诀窍、技术、战术、策略，诸如此类，不胜枚举。在最后一章，我想向你展示一种框架，可以将所有这些想法结合在一起。这是一种保持巅峰表现的元策略。简单来说，“不可能”是一个清单，这一章的内容便是所有需要列在清单上的条目。

我们将用两种方法来解决这个问题。首先，我们会讨论秩序，然后，我们会研究一下日程安排。

让我们从秩序开始。

由于内在动机的本质，你必须从本书开篇所述的内容开始追求巅峰表现，即好奇心、激情和使命感。而且，如果你严格遵守了培养激情的步骤，而不是试图揠苗助长，你会发现这需要花一段时间。

你需要持续遨游于多种好奇心的交集，以确定某个特定的交集是否真的足够有趣，足够让你在未来漫长的艰辛旅途中始终关注。记住，你不会想花两年时间去追求所谓的“激情”，结果发现它只是一个阶段性的过程。如何知道什么才是完美的好奇心交集呢？如果你每次去探索那些好奇心交集时几乎都会发现，你的好奇心与日俱增，并且不知不觉进入了心流状态，这便是一个积极的信号，表明你走对了方向。

那么，每天该花多少时间去探索那些好奇心交集呢？1 个小时当然很不错，但通常 20~30 分钟就足够了。学习一些你感兴趣的有意思的东西，留给大脑的模式识别系统一段思考的时间，然后再输入更多的信息。这不仅能使你的好奇心、激情和使命感保持一致，还能激发你的下一个动机——自主性。如果你恣意徜徉于好奇心、激情和使命感，那么你——从定义上来看——就是在做自己渴望做的事情。最后，每天坚持学习也是在训练自己精通技能。

然后，我们需要引入目标。

从宏大变革目标——你的人生使命宣言——开始，把这一使命宣言变成一系列高且有难度的目标，也就是达成宏大变革目标所需的所有步骤。然后，把这些高且有难度的目标拆解为明确目标，即每日行动计划，这是一组位于挑战与技能最佳平衡点上的小而精确的目标。

清单条目可参考如下：

- 制作一份 PPT 的前 10 页
- 与供应商进行沟通

- 写 500 字公司通讯

清单条目就是这么简单的任务。

另外，记得计算出你一天能完成多少个明确目标，然后每天都完成相同数量的目标。如果你已经将某项任务列在了清单上，已经向自己保证了一定要完成，那么，要么完成这项任务，把它从清单上划掉，要么把它拆解为更小的任务——如果挑战比预期困难得多的话，就把其余的任务列入第二天的任务清单。

如果你完成了当天列出的所有明确目标，就意味着你距离高且有难度的目标又近了一步，意味着你有了使命，意味着你的内部驱动力在起效。从清单上划掉一项，获得一点多巴胺；再划掉一项，再获得一点多巴胺。每划掉一项，就是一场小小的胜利，这就是走向成功的方式。一次又一次地获得小小的胜利——尤其是其中一些小小的胜利使你产生了心流体验——动力就是这样产生的。

这就是秩序。

一旦调动起内部驱动因素，确定了目标，就只需做好日程安排。也就是说，把所有要做的事都列入每日清单里。

总共有 7 项每日练习和 6 项每周练习需要完成，这是毫无疑问、不可让步的。如果你想长期保持巅峰表现以达成不可能——不管是什么样的不可能——就需要把这些事项列入日程表。

但我们不一定要一次做完所有练习。万事开头难，你可以从迈出第一步开始，从力所能及的事开始。随着这些练习逐步提升你的表现，最终会节省你的时间，然后你就会有更多的空闲时间来进行更多练习。

需要注意的是，清单上有两项任务会消耗最多的时间：其一是在一天开始时，必须投入 90~120 分钟的时间，不被打扰地专注于最难的任务；其二是每周至少花 2~6 个小时，投入心流强度最大的活动。如果一开始投入不了那么多时间，那就缩减时间，从每天 20 分钟不受干扰集中注意力、每周 40 分钟的高强度心流活动开始，或者在这两项活动上分别从投入 10 分钟和 20 分钟开始。然后，一旦这些活动开始提升效能，就再多投入一点时间以完成日程表事项。

以下是完整的日程安排清单：

每日事项

- 90~120 分钟不间断的注意力集中。把这些时间花在你最重要的任务上，即那些会带来最大胜利、一旦完成就会觉得这一天没有白费的任务。同时，试着在这个时间段内用一种新的方式运用你的优势（这可以将优势训练融入日常活动）。在这个过程中一定要对自己施压，确保自己脱离舒适圈，始终停留在挑战与技能的最佳平衡点上。随着时间的推移，对自己的不断施压、对技能习得的不断施压会形成惊人的毅力，更棒的是，你会养成“勇猛精进”的习惯。

- 花 5 分钟进行注意力管理。在工作日结束时进行，以此为第二天不受干扰的专注时段做准备。隔绝那些经常打断你注意力的事物：短信、提醒、电子邮件、社交媒体、手机铃声或其他类似的事物。
- 花 5 分钟列出明确的目标清单——同样，通常是在工作日结束时进行，为第二天不受干扰的专注时段做准备。记住，任务排列顺序是，最艰难的（和最有价值的）任务在前，最简单的任务在后。此外，不要只列“工作任务”，把你每天想做的事情都写在清单上，包括锻炼和积极恢复（比如“去健身房”“洗个热水澡”“20 分钟的专注练习”之类的活动）。最后，一定要检查清单上的所有项目，确保无遗漏。列在清单上的事项必须在当天完成，这是一条绝不能违背的规则。唯一例外的是，如果你没有进入挑战与技能的最佳平衡状态，而待解决任务又过于艰难，就可以把任务拆解为几个子任务，当天完成力所能及的部分，然后把剩下的任务列入第二天的清单。
- 每天花 5 分钟进行感恩练习。
- 花 20 分钟用来放松或冥想，也可以各用 20 分钟。20 分钟似乎是成效显现所需的最短时间，当然你可以投入更长时间。记住，在放松阶段预先使用麦吉弗法，这样，大脑就能在你从难题中抽身出来喘口气时解决问题。

- 花20分钟激活模式识别系统（阅读非本专业读物）。记住，阅读的投资回报率告诉我们，书是最好的选择。如果你想掌握一项技能，而不是学习新的知识，也可以参照80/20法则，将这20分钟花在掌握某项技能上。当然，20分钟只是一种估算，实际目标是至少要读20页左右含金量较高的书。
- 每晚保证7~8小时睡眠。

每周事项

- 每周1~2次，每次投入2~6个小时：从事心流强度最高的活动（滑雪、跳舞、唱歌等）。由于肩负的担子日益沉重，日程安排越来越满，我们往往会把这些活动从生活中剔除。但是，心流体验越多，就越容易获得更多的心流体验，这是一种专注技能。因此，在某些“无意义”但一定会产生心流体验的活动上多“浪费”一些时间，有助于在那些不太容易产生心流体验的活动中将心流体验放大到极致。在活动期间，尽可能尝试激活多种心流触发器。不断督促自己，让自己保持挑战与技能的最佳平衡。发挥创造力，敢于冒险，去探索新颖性、复杂性和不可预测性。同时，试着利用这些活动训练毅力，用新的方式来发挥你的一个或多个核心优势。

- 每周 3 次，每次 60 分钟：定期运动。在运动过程中一定要逼自己坚持下去。同样，让自己保持在挑战与技能的平衡点上。在脱离舒适区的情况下，运动是一种既能训练毅力、又能重置神经系统的绝佳方法。此外，鉴于运动对大脑功能的影响方式，你需要选择具有认知挑战性质的运动——也就是说，要在户外的小路上跑步（大脑必须执行路线确定和空间绘图等任务），而不是在室内跑步机上跑步。
- 每周 3 次，每次 20~40 分钟：积极恢复（桑拿、按摩、长时间的正念练习、轻度瑜伽等活动）。
- 每周 1 次，每次 30~60 分钟：针对你的弱点进行训练，或者在状态最差时训练自己做到最好，或者练习冒险。
- 每周 1 次，每次 30~60 分钟：为每天 90~120 分钟不受干扰的专注时段内产出的劳动成果寻求反馈。
- 每周 120 分钟：社会支持。为他人腾出时间，特别是如果你性格内向，更要关心他人。在生活中感受他人的关爱与支持，同时关爱、支持他人，这有助于我们保持平静和快乐，同时也有助于我们做好冲击挑战与技能平衡点的心理准备。此外，这也给了我们一个提高情商的空间。

融合练习

- 将每周 3 次的运动作为坚毅力的训练场。运动可以起到一举多得的作用，它不仅是培养坚毅力的绝佳方式，还可以让你对弱点进行有针对性的训练；如果在运动得筋疲力尽时还想有一些其他收获，也可以在状态最差时训练自己做到最好，以此强化坚毅力。
- 在某些积极恢复期内——例如桑拿或淋浴时——练习正念冥想，还可以同时激活模式识别系统。在激活模式识别系统时，尽量以书作为主要信息来源，因为任何其他形态材料的数据密度都无法与书相匹敌。
- 进入放松活动之前，采用麦吉弗法。在某种程度上，这一方法可以起到双重作用。
- 在培养激情的过程中，以探索好奇心交集作为激活模式识别系统的契机，为模式识别系统加载它所需的信息，以发现想法之间的关联。
- 将心流触发器叠加于每项活动之中。与新颖性、复杂性和不可预测性为伴。确保你的明确目标清单上的所有条目都处于挑战与技能的最佳平衡状态。寻找一位反馈伙伴。在保证安全的前提下练习冒险。重复以上步骤。
- 利用每周 120 分钟的社会支持活动训练情商，并练习使用集体心流触发器。
- 无论做何事，都要将发挥创造力和精通技能作为追求。

现在你已经知道了所有秘诀，很不起眼，对吧？而这些不起眼的秘诀正是真正的难点所在。这些干预措施看似索然无味，不是什么绝世秘籍或灵丹妙药，它们只是待办事项清单上的一个个条目。更糟糕的是，进步往往不是立竿见影的。巅峰表现与复利的原理别无二致。今天进步一点点，明天再进步一点点，持之以恒，数周如一日，数月如一日，数年如一日，你的人生不仅将超越你的期望，还将超越你的想象。

最重要的是，我认为这本书包含的所有信息给我们每个人都带来了巨大甚至可怕的负担。不妨这样想：如果你知道自己的效能可以提高 500%，你会去应对哪些不可能的挑战？如果你的创造力可以提升 600%，又将如何？如果你能缩减一半的学习时间会怎么样？这正是本书中的工具和技术所能提供的，也就是说，每个人皆唾手可得。你打算怎么处理这些信息？这完全取决于你。

所以，加油吧，猛虎！

后记

到目前为止，你已经了解了巅峰表现的基本原理。下一步就是将它们融会贯通，追求不可能实现的大目标。怎么做呢?

开始行动。就是这样。

本书描绘的蓝图包含了你打破自身局限所需要的一切，让你超越自身期望，将不着边际的梦想变为实实在在的成就。如果你有兴趣加快进度，那么心流研究小组的巅峰表现训练“从零到危险”是值得探索的。

基于二十多年的心流研究，“从零到危险”训练方法效果极佳，细节极为具体，简直是一种违背规则的存在，然而它的确是一种有效的方法。既然我可以为你们开辟通往卓越的捷径，不妨再多讲讲这一空前绝后的基于科学的巅峰表现训练方法。

“从零到危险”围绕三个核心元素构建。首先，由心流研究小组拥有博士学位的心理学家或神经科学家提供一对一指导。接下来，针对达成高且有难度的目标所需的全部巅峰表现工具和技术，循序渐进地学习。最后，终身提供由团队中的心理学家和神经科学家督导、心流研究小组巅峰表现者团队参与的每周集体电话辅导。

如果你有兴趣申请“从零到危险”训练，请登录 zerotodangerous.com/impossible。注册预约后，我的一位团队成员会与你进行一次简短通话，以确保训练与你的需求完全匹配。

最后，一点小奖励。

心流研究小组确定了达成巅峰表现的 10 个障碍，这也是我们大多数人都会遇到的麻烦，我们称之为“心流阻断剂”。为了帮助你发现前进旅途中的障碍并扫清它们，我们创建了一个免费诊断，请点击：flowresearchcollective.com/flowblocker。

快来探索吧！

致谢

完成本书的过程中，对我施以援手的人实在太多太多。没有我无与伦比的妻子乔伊·尼克尔森以及我们以前和现在一起养的那些狗的爱和支持，就不会有这本书。同时，非常感激我的父母哈维·科特勒和诺玛，如果没有他们的帮助，我根本不可能开始这段旅程，也不可能取得现在的成就。我的好朋友兼长期合作编辑迈克尔·沃顿在我写作过程中扮演了重要的角色，是他帮助我最终塑造了这部作品。感谢莱恩·多丽丝一如既往给了我力量。保罗·布雷斯尼克，长期与我合作的经纪人，再次感谢你，我的朋友，继续努力吧。感谢彼得·戴曼迪斯，这是一段漫长的旅程，兄弟，每一分钟都让我沉醉。感谢约书亚·劳勃，一如既往地支持着我。再次感谢我的出版人、哈珀韦弗出版社编辑凯伦·里纳尔迪，他真的非常出色。同时，深深感谢哈珀韦弗出版社的伟大团队，感谢你们对这本书的指导。多亏了瑞安·威克斯陪着我翻山越岭，我才能始终保持神智清醒。

非常感谢与我共事的心流研究小组的出色团队，尤其是康纳·墨菲，他总是让我开怀大笑，并督促我在写作过程中进行深入思考，还有斯科特·巴里·考夫曼，他毫无保留地向我敞开心胸，倾囊相授，与我进行了无数次关于心流的对话。感谢海蒂·威廉姆斯，所有烦琐的尾注皆出自她手。此外，感谢克莱尔·莎拉、布伦特·贺加斯、萨拉·萨尔基斯、克里斯·伯特、迈克尔·曼尼诺、奥托·贡巴、威尔·克利登、特洛伊·埃斯特林、杰里米·詹森、斯科特·吉斯以及安妮·瓦伦蒂诺。

这本书借鉴了很多科学家和巅峰表现者的看法，他们是我的老朋友，是我冒险旅途中的同行者，也是我的核心研究顾问。非常感谢安德鲁·纽伯格、迈克尔·热尔韦、大卫·伊格曼、亚当·格萨里、马克·特莱特、保罗·扎克、克里斯滕·乌尔默、基奥基·弗拉格、安德鲁·休伯曼、莱尔德·汉密尔顿、J. T. 福尔摩斯、杰里米·琼斯、格伦·普莱克、内德·哈洛韦尔、杰森·席尔瓦、约翰·库尼奥斯、雷·库兹韦尔、萨利姆·伊斯梅尔、安迪·沃尔什、格伦·福克斯、安德鲁·埃塞尔、孟德尔·克里姆、迈尔斯·戴什尔、格雷琴·布雷勒、吉米·钦、德克·柯林斯、迈卡·艾布拉姆斯、丹尼·韦、莱斯利·舍林、迈克·霍恩、罗伯特·苏亚雷斯、米哈里·契克森米哈赖、格雷戈里·伯恩斯、帕特里夏·赖特、阿恩·迪特里希、伯克·沙普利斯、唐·莫克斯利、道格·斯陶普、道格·安蒙斯、尼科尔·布拉德福德、查斯·贾维斯、克里斯托弗·沃斯、杰弗瑞·马丁、肯·罗宾逊爵士、乔希·维茨金、蒂姆·费里斯、贾德森·布鲁尔、李·兹洛托夫、苏珊·杰克逊、加里·莱瑟姆、基思·索耶、克里斯托弗·杰拉德以及Inkwell团队全体成员，还有杰西卡·弗莱克、大卫·科莱考尔以及圣塔菲研究所的全体成员，感谢他们在巅峰表现会议上提出的天马行空的绝妙创意。感谢德勤前沿中心、南加州大学、斯坦福大学、加州大学洛杉矶分校和帝国理工学院的所有研究伙伴。感谢所有与我们分享自己的故事、经验、教训和日常生活的英勇的特种部队军人以及军事社区成员，尤其是里奇·迪维尼、布莱恩·弗格森以及乔·"这就是预言"·奥古斯汀。

衷心感谢已故的约翰·巴思、乔·莱夫勒、迪恩·波特以及沙恩·麦康基。先生们，我仍然想念你们，始终感激你们。还有很多研究大脑、心流及巅峰表现的学者，我对他们知之甚少，或者尚未谋面，但他们的研究成果对本书的写作有深刻的启发。特别感谢贾亚克·潘克塞普的近期研究。感谢安杰拉·达克沃斯、K.安德斯·埃里克森、迈克尔·波斯纳、布莱恩·麦肯齐、法尔克·莱因贝格、史蒂芬·恩戈萨、科琳娜·派费尔、弗雷德里克·尤伦、奥尔然·德·曼扎诺、乔凡尼·莫内塔、约翰内斯·凯勒、马丁·乌尔里希、里奇·戴维森、丹尼尔·戈尔曼、艾伦·布劳恩以及查尔斯·利姆。谢谢你们。

注释

前言

1. Jeremy Jones, author interview, 2012.
2. Matt Warshaw, *The Encyclopedia of Surfing* (San Diego: Harcourt, 2005), 79.
3. Susan Casey, *The Wave* (Farmington Hills, MI: Gale, 2011), 14.
4. Outside TV did a great little doc about surfing the hundred-foot waves of Nazaré, in Portugal. See "The 100 Foot Waves of Nazare," Outside TV, June 16, 2016, https://www.youtube.com/watch?v=vDzXerJkBwY.
5. Thomas Pynchon, *Gravity's Rainbow* (New York: Vintage, 2013), 735.
6. Steven Kotler, *Tomorrowland: Our Journey from Science Fiction to Science Fact* (New York: New Harvest, 2015).
7. Peter Diamandis and Steven Kotler, *Bold: How to Go Big, Create Wealth, and Impact the World* (New York: Simon & Schuster, 2015).
8. Steven Kotler and Peter Diamandis, *Abundance*: *The Future Is Better Than You Think* (New York: Free Press, 2012).
9. Flow Research Collective (website), www.flowresearchcollective.com.
10. Mihaly Csikszentmihalyi, *Flow: The Psychology of Optimal Experience* (New York: HarperPerennial, 2008), 4–5.

11. For a complete breakdown on flow's impact on performance, see Steven Kotler, *The Rise of Superman: Decoding the Science of Ultimate Human Performance* (New York: New Harvest, 2014).
12. James Carse, *Finite and Infinite Games* (New York: Free Press, 1986).
13. William James, "Energies of Man," *Journal of Philosophical Review* (1907), 15.
14. Chuck Barris, Charlie Kaufman, *Confessions of a Dangerous Mind* (Miramax, 2002).

第一部分

1. William James, *The Will to Believe* (Mineola, NY: Dover, 2015), 61.

第 1 章

1. Celeste Kidd and Benjamin Y. Hayden, "The Psychology and Neuroscience of Curiosity," *Neuron* 88, no. 3 (2015): 449–60; see also George Loewenstein, "The Psychology of Curiosity: A Review and Reinterpretation," *Psychological Bulletin* 116, no. 1 (1994): 75–98.
2. Lao Tzu, *Tao Te Ching* (New York: HarperPerennial, 1992), 38.
3. Edward Deci and Richard Ryan, "Self-Determination Theory and the Facilitation of Intrinsic Motivation, Social Development and Well-Being," *American Psychologist* 55, no. 1 (January 2000): 68–78; see also Daniel H. Pink, *Drive: The Surprising Truth About What Motivates Us* (New York: Riverhead, 2009).
4. D. Kahneman and A. Deaton, "High Income Improves Evaluation of Life but Not Emotional Well-Being," *Proceedings of the National Academy of Sciences* 107, no. 38 (2010): 16489–93.
5. For a thorough breakdown of the neurobiology of chemical and electrical signaling, see Marie T. Banich and Rebecca J. Compton, *Cognitive Neuroscience* (New York: Cambridge, 2018).

6. Ibid.

7. David R. Euston, Aaron J. Gruber, and Bruce L. McNaughton, "The Role of Medial Prefrontal Cortex in Memory and Decision Making," *Neuron* 76, no. 6 (2012): 1057–70.

8. For a thorough discussion of networks see Gyögy Buzsáki. *Rhythms of the Brain* (New York: Oxford University Press, 2011).

9. Jaak Panksepp, *Affective Neuroscience: The Foundations of Human and Animal Emotions* (New York: Oxford University Press, 1998).

10. There's great work on the evolution of morality out of play behavior. See Steven Kotler, *A Small Furry Prayer: Dog Rescue and the Meaning of Life* (New York: Bloomsbury, 2010), and Marc Bekoff, *The Emotional Lives of Animals* (Novato, CA: New World Library, 2007), 85–109.

11. For dopamine, see Oscar Arias-Carrión, Maria Stamelou, Eric Murillo-Rodríguez, Manuel Menéndez-González, and Ernst Pöpel, "Dopaminergic Reward System: A Short Integrative Review," *International Archives of Medicine* 3, no. 1 (2010), 24; see also Daniel Z. Lieberman and Michael E. Long, *The Molecule of More: How a Single Chemical in Your Brain Drives Love, Sex, and Creativity—and Will Determine the Fate of the Human Race* (Dallas: BenBella, 2019).

12. For oxytocin, see Paul Zak, *The Moral Molecule* (New York: Penguin, 2012).

13. Helen Fisher, *Why We Love: The Nature and Chemistry of Romantic Love* (New York: Owl Books, 2004), 55–98; see also Adrian Fischer and Markus Ullsperger, "An Update on the Role of Serotonin and Its Interplay with Dopamine for Reward," *Frontiers in Human Neuroscience* (October 11, 2017), https://www.frontiersin.org/articles /10.3389/fnhum.2017.00484/full.

14. Helen Fisher, 55–98.

15. Jaak Panksepp, "Affective Neuroscience of the Emotional BrainMind: Evolutionary Perspectives and Implications for Understanding Depression," *Dialogues in Clinical Neuroscience* 12, no. 4 (December 2010): 533–45; for

oxytocin and play, see Sarah F. Brosnan et al., "Urinary Oxytocin in Capuchin Monkeys: Validation and the Influence of Social Behavior," *American Journal of Primatology* 80, no. 10 (2018); for dopamine and play, see Louk J. M. J. Vanderschuren, E. J. Marijke Achterberg, and Viviana Trezza, "The Neurobiology of Social Play and Its Rewarding Value in Rats," *Neuroscience and Biobehavioral Reviews* 70 (2016): 86–105.

16. Steven Kotler, *The Rise of Superman* (New York: New Harvest, 2014), 86; author interviews with Shane McConkey, 1996, 1997, 1998; Steve Winter, *AI*, May 26, 2011. A version of this quote and a great article about McConkey's importance to action and adventure sports appears in Rob Story, "Skiing Will Never Be the Same: The Life and Death of Shane McConkey," *Skiing*, August 2009.
17. Kidd and Hayden, "The Psychology and Neuroscience of Curiosity," 449–60.
18. Adriana Kraig et al., "Social Purpose Increases Direct-to- Borrower Microfinance Investments by Reducing Physiologic Arousal," *Journal of Neuroscience, Psychology, and Economics* 11, no. 2 (2018): 116–26.

第2章

1. Timothy J. Smoker, Carrie E. Murphy, and Alison K. Rockwell, "Comparing Memory for Handwriting versus Typing," *Proceedings of the Human Factors and Ergonomics Society Annual Meeting* 53, no. 22 (2009): 1744–47.
2. For more on pattern recognition and dopamine, see Andrei T. Popescu, Michael R. Zhou, and Mu-Ming Poo, "Phasic Dopamine Release in the Medial Prefrontal Cortex Enhances Stimulus Discrimination," *Proceedings of the National Academy of Sciences* 113, no. 22 (2016); for more on attention and dopamine, see A. Nieoullon, "Dopamine and the Regulation of Cognition and Attention," *Progress in Neurobiology* 67, no. 1 (2002): 53–83; for more on signal-to- noise ratio and dopamine, see Caitlin M. Vander Weele, Cody A. Siciliano, Gillian A. Matthews, Praneeth Namburi, Ehsan M. Izadmehr, Isabella C. Espinel, Edward H. Nieh et

al., "Dopamine Enhances Signal-to- Noise Ratio in Cortical-Brainstem Encoding of Aversive Stimuli," *Nature* 563, no. 7731 (2018): 397–401.

3. Oscar Arias-Carrión, Maria Stamelou, Eric Murillo-Rodríguez, Manuel Menéndez-González, and Ernst Pöpel, "Dopaminergic Reward System: A Short Integrative Review," *International Archives of Medicine* 3, no. 1 (2010): 24, https://doi.org/10.1186/1755-7682-3-24.
4. Eric Nestler, "The Neurobiology of Cocaine Addiction," *Science & Practice Perspectives* 3, no. 1 (2005): 4–10, https://doi.org/10.1151 /spp05314.
5. M. Victoria Puig, Jonas Rose, Robert Schmidt, and Nadja Freund, "Dopamine Modulation of Learning and Memory in the Prefrontal Cortex: Insights from Studies in Primates, Rodents, and Birds," *Frontiers in Neural Circuits* 8 (2014); for a brief overview of memory, learning, and neurotransmitters, see S. Ackerman, "Learning, Recalling, and Thinking," chap. 8 in *Discovering the Brain* (Washington, DC: National Academies Press, 1992), https://www.ncbi .nlm.nih.gov/books/NBK234153/.
6. Wendy Wood and Dennis Rünger, "Psychology of Habit," *Annual Review of Psychology* 67, no. 1 (2016), 289–314.
7. For a great overview on creative incubation, see Keith Sawyer, "Enhancing Creative Incubation," *Psychology Today*, April 19, 2013, https://www.psychologytoday.com/us/blog/zig-zag/ 201304 /enhancing-creative- incubation; for more research on incubation, see Simone M. Ritter and Ap Dijksterhuis, "Creativity—the Unconscious Foundations of the Incubation Period," *Frontiers in Human Neuroscience* 8 (2014).
8. For more on pattern recognition, see Arkady Konovalov and Ian Krajbich, "Neurocomputational Dynamics of Sequence Learning," *Neuron* 98, no. 6 (2018): 13; and Allan M. Collins and Elizabeth F. Loftus, "A Spreading-Activation Theory of Semantic Processing," *Psychological Review* 82, no. 6 (1975): 407–28.
9. Susanne Vogel and Lars Schwabe, "Learning and Memory Under Stress:

Implications for the Classroom," *Science of Learning* 1, no. 16011 (2016), https://doi.org/10.1038/npjscilearn.2016.11.

10. For a study about readers' responses to event boundaries in stories, see Cody C. Delistraty, "The Psychological Comforts of Storytelling," *Atlantic*, November 2, 2014, https://www.theatlantic.com/health /archive/2014/11/the-psychological-comforts-of-storytelling/381964/; Nicole K.Speer, Jeffrey M. Zacks, and Jeremy R. Reynolds, "Human Brain Activity Time-Locked to Narrative Event Boundaries," *Psychological Science* 18, no. 5 (2007): 449–55.
11. Early signs of inferring cause and effect in babies and infants: David M. Sobel and Natasha Z. Kirkham, "Blickets and Babies: The Development of Causal Reasoning in Toddlers and Infants," *Developmental Psychology* 42, no. 6 (2006): 1103–15.
12. Söen Krach, Frieder M. Paulus, Maren Bodden, and Tilo Kircher, "The Rewarding Nature of Social Interactions," *Frontiers in Behavioral Neuroscience* (2010), https://doi.org/10.3389/fnbeh.2010.00022; see also R. M. Jones, L. H. Somerville, J. Li, E. J. Ruberry, V. Libby, G. Glover, H. U. Voss, D. J. Ballon, and B. J. Casey, "Behavioral and Neural Properties of Social Reinforcement Learning," *Journal of Neuroscience* 31, no. 37 (2011): 13039–45.
13. Krach et al.
14. Edward Deci and Richard Ryan, *Intrinsic Motivation and Self-Determination in Human Behavior* (New York: Plenum Press, 1985).
15. For the amygdala, see Richard Davidson et al., "Purpose in Life Predicts Better Emotional Recovery from Negative Stimuli," *PLoS One* 8, no. 11 (2013): e80329; for the insular cortex and medial temporal cortex, see Gary Lewis et al., "Neural Correlates of the 'Good Life,' " *Social Cognitive and Affective Neuroscience* 9, no. 5 (May 9, 2014): 615–18.
16. Adam Kaplin and Laura Anzaldi, "New Movement in Neuroscience: A Purpose-Driven Life," *Cerebrum* (May–June 2015): 7.

17. Davidson et al., "Purpose in Life Predicts Better Emotional Recovery from Negative Stimuli"; for productivity, see Morten Hansen, "Find Success In Your Career By Learning How to Match Your Passion With Your Purpose," Morten Hansen (website), April 27, 2018, https://www.mortenhansen.com/find-success-in-your-career-by-learning-how-to-match-your-passion-with-your-purpose/.
18. Keisuke Takano and Yoshihiko Tanno, "Self-Rumination, Self-Reflection, and Depression: Self-Rumination Counteracts the Adaptive Effect of Self-Reflection," *Behavior Research and Therapy* 47, no. 3 (2009): 260–64.
19. Steven Kotler and Peter Diamandis, *Bold: How to Go Big, Create Wealth, and Impact the World* (New York: Simon & Schuster, 2015).
20. The phrase "Massively Transformative Purpose" was coined by Salim Ismail, which he later explored thoroughly in his excellent book *Exponential Organizations* (New York: Diversion Books, 2014).
21. Tim Ferriss, author interview, 2015.

第3章

1. For a brief overview of Ryan and Deci history, see Delia O'Hara, "The Intrinsic Motivation of Richard Ryan and Edward Deci," American Psychological Association, December 18, 2017, https://www.apa.org /members/content/intrinsic-motivation.
2. Dan N. Stone, Edward L. Deci, and Richard M. Ryan, "Beyond Talk: Creating Autonomous Motivation Through Self-Determination Theory," *Journal of General Management* 34, no. 3 (2009): 75–91.
3. Ibid.
4. See Mashable interview with Eric Schmidt: Petrana Radulovic, "How the '20% Time' Rule Led to Google's Most Innovative Products," Mashable, May 11, 2018, https://mashable.com/2018/05/11/google-20-percent-rule/.
5. Kaomi Goetz, "How 3M Gave Everyone Days Off and Created an Innovation

Dynamo," *Fast Company*, July 9, 2018.

6. Ryan Tate, "Google Couldn't Kill 20 Percent Time Even If They Wanted To," *Wired*, August 21, 2013, https://www.wired.com/2013/08/20-percent-time-will-never-die/.
7. Kacy Burdette, "Patagonia," *Fortune*, February 14, 2019, https://fortune.com/best-companies/2019/patagonia/.
8. Yvon Chouinard, *Let My People Go Surfing* (New York: Penguin, 2016).
9. "How Much Sleep Do I Need? Sleep and Sleep Disorders," Centers for Disease Control and Prevention, March 2, 2017, https://www.cdc.gov/sleep/about_sleep/how_much_sleep.html.
10. June J. Pilcher and Allen I. Huffcutt, "Effects of Sleep Deprivation on Performance: A Meta-analysis," *Sleep* 19, no. 4 (1996): 318–26.
11. Laura Mandolesi et al., "Effects of Physical Exercise on Cognitive Functioning and Wellbeing," *Frontiers of Psychology* (April 27, 2018); see also "Stress and Exercise," American Psychological Association, 2014, https://www.apa.org/news/press/releases/stress/2013/exercise.
12. For endorphins, see Hannah Steinberg and Elizabeth Sykes, "Introduction to Symposium on Endorphins and Behavioral Processes: Review of Literature on Endorphins and Exercise," *Pharmacology Biochemistry and Behavior* 5, no. 23 (November 1985): 857–62; for anandamide, see Arne Dietrich and William F. McDaniel, "Endocannabinoids and Exercise," *British Journal of Sports Medicine* 38, no. 5 (2004): 536–41.
13. David C. McClelland, John W. Atkinson, Russell A. Clark, and Edgar L. Lowell, *The Achievement Motive* (New York: Appleton-Century-Crofts, 1953), 195.
14. Gregory Berns, *Satisfaction: Sensation Seeking, Novelty, and the Science of Seeking True Fulfillment* (New York: Henry Holt, 2005), 3–5; see also Gregory Berns, *Iconoclast: A Neuroscientist Reveals How to Think Differently* (Cambridge, MA: Harvard Business Press, 2008), 44–45.

15. Daniel H. Pink, *Drive: The Surprising Truth About What Motivates Us* (New York: Riverhead, 2009).
16. For a full recounting of Csikszentmihalyi's life story, see Steven Kotler, *The Rise of Superman* (New York: New Harvest, 2014), 17–22; see also his TED talk: Mihaly Csikszentmihalyi, "Flow, the Secret to Happiness," filmed February 2004, TED Talk, 18:43, https://www.ted.com/talks/mihaly_csikszentmihalyi_flow_the_secret_to_happiness?language=en.
17. Jeanne Nakamura and Mihaly Csikszentmihalyi, "The Concept of Flow," in C. R. Snyder and S. J. Lopez, *The Oxford Handbook of Positive Psychology* (New York: Oxford University Press, 2009), 89–105.
18. For a full breakdown of flow's triggers, see Kotler, *The Rise of Superman*, 93–153.
19. For a really good discussion on what happens when intrinsic motivation goes awry, see Johann Hari, *Lost Connections* (New York: Bloomsbury Circus, 2018).
20. Mihaly Csikszentmihalyi, *Flow: The Psychology of Optimal Experience* (New York: HarperPerennial, 2008), 71–76, see also Stefan Engeser, *Further Advances in Flow Research* (New York: Springer, 2012), 54–57.
21. Hari, *Lost Connections*, 71–128.

第4章

1. Andrea Falcon, "Aristotle on Causality," in *Stanford Encyclopedia of Philosophy*, Stanford University, March 7, 2019, https://plato.stanford.edu/entries/aristotle-causality.
2. Edwin A. Locke, "Toward a Theory of Task Motivation and Incentives," *Organizational Behavior and Human Performance* 3, no. 2 (1968): 157–89.
3. Edwin Locke and Gary Latham, *Goal Setting: A Motivational Technique That Works!* (Englewood Cliffs, NJ: Prentice-Hall, 1984), 10–19.
4. Gary P. Latham and Gary A. Yukl, "Assigned versus Participative Goal Setting

with Educated and Uneducated Woods Workers," *Journal of Applied Psychology* 60, no. 3 (1975): 299–302.

5. E. L. Deci and R. M. Ryan, "The 'What' and 'Why' of Goal Pursuits: Human Needs and the Self-Determination of Behavior," *Psychological Inquiry* 11 (2000): 227–68.
6. David Eagleman, *Incognito: The Secret Lives of the Brain* (New York: Pantheon, 2011), 46–54.
7. George A. Miller, "The Magical Number Seven, Plus or Minus Two: Some Limits on Our Capacity for Processing Information," *Psychological Review* 63, no. 2 (1956): 81–97.
8. Mihaly Csikszentmihalyi, *Flow: The Psychology of Optimal Experience* (New York: HarperPerennial, 2008), 29.
9. Richard M. Ryan and Edward L. Deci, "Self-Determination Theory and the Facilitation of Intrinsic Motivation, Social Development, and Well-Being," *American Psychologist* 55, no. 1 (2000): 68–78.
10. Gary Latham, author interview, 2014.
11. Peter M. Gollwitzer, Paschal Sheeran, Verena Michalski, and Andrea E. Seifert, "When Intentions Go Public," *Psychological Science* 20, no. 5 (2009): 612–18.
12. Csikszentmihalyi, *Flow*, 54–59; see also M. Csikszentmihalyi, *Flow and the Foundations of Positive Psychology* (New York: Springer, 2014), 204–7.

第5章

1. This may be rumor. Carlyle has quotes all over the place saying this, but there seems to be no original source.
2. Angela Duckworth, *Grit: The Power of Passion and Perseverance* (New York: Scribner, 2018), 8.
3. David Eagleman, *Incognito: The Secret Lives of the Brain* (New York: Pantheon, 2011), 182–86.

4. Song Wang, Ming Zhou, Taolin Chen, Xun Yang, Guangxiang Chen, Meiyun Wang, and Qiyong Gong, "Grit and the Brain: Spontaneous Activity of the Dorsomedial Prefrontal Cortex Mediates the Relationship Between the Trait Grit and Academic Performance," *Social Cognitive and Affective Neuroscience* 12, no. 3 (2016): 452–60.
5. Irma Triasih Kurniawan, Marc Guitart-Masip, and Ray J. Dolan, "Dopamine and Effort-Based Decision Making," *Frontiers in Neuroscience* 5 (2011): 8.
6. This finding is the end result of twenty years of interviewing peak performers about grit and persistence. Key contributors to the idea include Michael Gervais, Josh Waitzkin, Tim Ferriss, Angela Duckworth, Scott Barry Kaufman, Rich Diviney, Byron Fergusson, and everyone at the Santa Fe Institute high-performance conferences.
7. Francis Galton, *Hereditary Genius: An Inquiry into Its Laws and Consequences* (London: Macmillan, 1869).
8. Duckworth, *Grit*, 14.
9. Martin E. P. Seligman, *Authentic Happiness: Using the New Positive Psychology to Realize Your Potential for Lasting Fulfillment* (New York: Random House, 2002), 102–39.
10. Katherine R. Von Culin, Eli Tsukayama, and Angela L. Duckworth, "Unpacking Grit: Motivational Correlates of Perseverance and Passion for Long-Term Goals," *Journal of Positive Psychology* 9, no. 4 (2014): 306–12.
11. Despite the hoopla, I still think Baumeister's book on the subject is a peak-performance must-read: Roy F. Baumeister and John Tierney, *Willpower: Rediscovering the Greatest Human Strength* (New York: Penguin, 2012).
12. Carol Dweck, *Mindset: The New Psychology of Success* (New York: Ballantine, 2006), 1–14.
13. Jennifer A. Mangels, Brady Butterfield, Justin Lamb, Catherine Good, and Carol S. Dweck, "Why Do Beliefs About Intelligence Influence Learning Success?

A Social Cognitive Neuroscience Model," *Social Cognitive and Affective Neuroscience* 1, no. 2 (2006): 75–86.

14. John Irving, *The Hotel New Hampshire* (New York: Dutton, 1981), 401.
15. All Michael Gervais quotes come from a series of author interviews conducted between 2011 and 2020.
16. Speech printed in book form: David Foster Wallace, *This Is Water: Some Thoughts, Delivered on a Significant Occasion, about Living a Compassionate Life* (New York: Little, Brown, 2009).
17. For a recounting of Wallace's life, contribution, and suicide, see Tom Bissell, "Great and Terrible Truths," *New York Times*, April 24, 2009.
18. Stewart I. Donaldson, Barbara L. Fredrickson, and Laura E. Kurtz, "Cultivating Positive Emotions to Enhance Human Flourishing," in *Applied Positive Psychology: Improving Everyday Life, Schools, Work, Health, and Society* (New York: Routledge Academic, 2011).
19. Michele M. Tugade and Barbara L. Fredrickson, "Resilient Individuals Use Positive Emotions to Bounce Back from Negative Emotional Experiences," *Journal of Personality and Social Psychology* 86, no. 2 (2004): 320.
20. Joanne V. Wood, W. Q. Elaine Perunovic, and John W. Lee, "Positive Self-Statements: Power for Some, Peril for Others," *Psychological Science* 20, no. 7 (2009): 860–66.
21. M. Zimmermann, "Neurophysiology of Sensory Systems," *Fundamentals of Sensory Physiology* (1986): 115.
22. Joseph LeDoux, *The Emotional Brain: The Mysterious Underpinnings of Emotional Life* (New York: Simon & Schuster, 2004), 159–78.
23. Shawn Achor, *The Happiness Advantage: How a Positive Brain Fuels Success in Work and Life* (New York: Crown Business, 2010).
24. Mark Beeman and John Kounios, *The Eureka Factor: Aha Moments, Creative Insight, and the Brain* (New York: Windmill Books, 2015), 119.

25. Glenn R. Fox, Jonas Kaplan, Hanna Damasio, and Antonio Damasio, "Neural Correlates of Gratitude," *Frontiers in Psychology* 6 (2015): 1491.

26. Roderik Gerritsen and Guido Band, "Breath of Life," *Frontiers in Human Neuroscience* (October 9, 2018): 397.

27. Amy Lam, "Effects of Five-Minute Mindfulness Meditation on Mental Health Care Professionals," *Journal of Psychology and Clinical Psychiatry* (March 26, 2015).

28. For a really good review of the benefits of mindfulness, see Daniel Goleman and Richard J. Davidson, *Altered Traits: Science Reveals How Meditation Changes Your Mind, Brain, and Body* (New York: Avery, 2018).

29. Lorenza S. Colzato, Ayca Ozturk, and Bernhard Hommel, "Meditate to Create: The Impact of Focused-Attention and Open-Monitoring Training on Convergent and Divergent Thinking," *Frontiers in Psychology* 3 (2012): 116.

30. Box breathing is a technique developed by former SEAL Mark Divine. See "Box Breathing and Meditation Technique w/ Mark Divine of SealFit," Barbell Shrugged, uploaded February 25, 2015, YouTube video, https://www.youtube.com/watch?v=GZzhk9jEkkI. Also: Ana Gotter, "Box Breathing," Healthline Media, June 17, 2020, https://www.healthline.com/health/box-breathing.

31. Steven Kotler, "They've Been Around the Block More Than a Few Times, but Shaun Palmer, Laird Hamilton and Tony Hawk Can Still Rev It Up," ESPN, July 10, 2012, https://tv5.espn.com/espn/magazine /archives/news/story?page=magazine-19990222-article11.

32. All Laird Hamilton quotes come from a series of interviews conducted between 1999 and 2020.

33. Kristin Ulmer, author interviews, 2014–2020.

34. Michael Gervais, author interview, 2019.

35. Crystal A. Clark and Alain Dagher, "The Role of Dopamine in Risk Taking: A Specific Look at Parkinson's Disease and Gambling," *Frontiers in Behavioral*

Neuroscience 8 (2014).

36. All quotes come from a series of interviews with Josh Waitzkin between 2013 and 2016, but see also Josh Waitzkin, *The Art of Learning: An Inner Journey to Optimal Performance* (New York: Free Press, 2008). Furthermore, Tim Ferriss has conducted two amazing podcasts with Josh; see Tim Ferriss, "Josh Waitzkin Interview," *Tim Ferriss Show* (podcast), July 22, 2014, https://www.youtube.com/watch?v=LYaMtGuCgm8.
37. William James, "The Energies of Men," *Philosophical Review* 16, no. 1 (1907): 1.
38. Harry D. Krop, Cecilia E. Alegre, and Carl D. Williams, "Effect of Induced Stress on Convergent and Divergent Thinking," *Psychological Reports* 24, no. 3 (1969): 895–98.
39. Keith Ablow, author interview, 2015.
40. Again, this one might be apocryphal, but Quora does a nice job fact-checking it: Reply to "What is the origin of the quote attributed to a Navy SEAL -"Under pressure, you don't rise to the occasion, you sink to the level of your training"? Where and when was this said?," Quora, 2016, https://www.quora.com/What-is-the-origin-of-the-quote-attributed-to-a-Navy-SEAL-Under-pressure-you-dont-rise-to-the-occasion-you-sink-to-the-level-of-your-training-Where-and-when-was-this-said.
41. Norman B. Schmidt, J. Anthony Richey, Michael J. Zvolensky, and Jon K. Maner, "Exploring Human Freeze Responses to a Threat Stressor," *Journal of Behavior Therapy and Experimental Psychiatry* 39, no. 3 (2008): 292–304.
42. Richard Feynman, *Surely You're Joking, Mr. Feynman!* (New York: W. W. Norton, 1997).
43. "Burn-out an 'Occupational Phenomenon': International Classification of Diseases," World Health Organization, May 28, 2019, https://www.who.int/mental_health/evidence/burn-out/en/; see also Harry Levinson, "When Executives

Burn Out," *Harvard Business Review*, August 21, 2014, https://hbr.org/1996/07/when-executives-burn-out.

44. Irshaad O. Ebrahim, Colin M. Shapiro, Adrian J. Williams, and Peter B. Fenwick, "Alcohol and Sleep I: Effects on Normal Sleep," *Alcoholism: Clinical and Experimental Research* 37, no. 4 (2013).
45. Esther Thorson and Annie Lang, "The Effects of Television Videographics and Lecture Familiarity on Adult Cardiac Orienting Responses and Memory," *Communication Research* 19, no. 3 (1992): 346–69; see also Meghan Neal, "Is Watching TV Actually a Good Way to Rest Your Brain?," *Vice*, January 18, 2016, https://www.vice.com /en_us/article/3daqaj/is-watching-tv-actually-a-good-way-to-rest-your-brain.
46. Bjön Rasch and Jan Born, "About Sleep's Role in Memory," *Physiological Reviews* 93, no. 2 (2013): 681–766.
47. Levinson, "When Executives Burn Out."

第6章

1. All quotes come from author interviews with Peter Diamandis conducted between 1997 and 2020, www.diamandis.com.
2. Luke J. Norman, Stephan F. Taylor, Yanni Liu, Joaquim Radua, Yann Chye, Stella J. De Wit, Chaim Huyser, et al., "Error Processing and Inhibitory Control in Obsessive-Compulsive Disorder: A Meta-Analysis Using Statistical Parametric Maps," *Biological Psychiatry* 85, no. 9 (2019): 713–25.
3. Michael Wharton, author interview, 2019.
4. William James, *Psychology: The Briefer Course* (New York: Henry Holt, 1892), 1–17.

第二部分

1. Annie Dillard, *The Writing Life* (New York: HarperPerennial, 2013), 32.

第 7 章

1. Gary Klein, *Sources of Power: How People Make Decisions* (Cambridge, MA: MIT Press, 2017), 149.
2. Commission of the European Communities, “Adult Learning: It Is Never Too Late to Learn,” COM, 614 final. Brussels, October 23, 2006; see also Patricia M. Simone and Melinda Scuilli, “Cognitive Benefits of Participation in Lifelong Learning Institutes,” *LLI Review* 1 (2006): 44–51, https://scholarcommons.scu.edu/cgi/viewcontent.cgi?article=1144&context=psych.

第 8 章

1. Carol Dweck, *Mindset: The New Psychology of Success* (New York: Ballantine, 2006).
2. Steven Kotler and Peter Diamandis, *Bold: How to Go Big, Create Wealth, and Impact the World* (New York: Simon & Schuster, 2015), 120.
3. See Kevin Rose’s 2012 interview with Elon Musk, https://www.youtube.com/watch?v=L-s_3b5fRd8.
4. Chris Anderson, “Elon Musk’s Mission to Mars,” *Wired*, October 21, 2012.

第 9 章

1. “To Read or Not to Read: A Question of National Consequence: Executive Summary,” *Arts Education Policy Review* 110, no. 1 (2008): 9–22, https://doi.org/10.3200/aepr.110.1.9-22.
2. Andrew Perrin, “Who Doesn’t Read Books in America?,” Pew Research Center, September 26, 2019.
3. Marc Brysbaert, “How Many Words Do We Read per Minute?” (2019), https://

www.researchgate.net/publication/332380784_How_many_words_do_we_read_per_minute_A_review_and_meta-analysis_of_reading_rate.

4. For an overview on the benefits of reading, see Honor Whiteman, "Five Ways Reading Can Improve Health and Well-Being," *Medical News Today*, October 12, 2016.
5. Chris Weller, "9 of the Most Successful People Share Their Reading Habits," *Business Insider*, July 20, 2017.
6. J. B. Bobo, *Modern Coin Magic* (New York: Dover, 1952).

第10章

1. Hailan Hu, Eleonore Real, Kogo Takamiya, Myoung-Goo Kang, Joseph Ledoux, Richard L. Huganir, and Roberto Malinow, "Emotion Enhances Learning via Norepinephrine Regulation of AMPA-Receptor Trafficking," *Cell* 131, no. 1 (2007).
2. Craig Thorley, "Note Taking and Note Reviewing Enhance Jurors' Recall of Trial Information," *Applied Cognitive Psychology* 30, no. 5 (2016): 655–63.
3. Steven Kotler, *The Angle Quickest for Flight* (New York: Four Walls Eight Windows, 2001).
4. Thomas Gifford, *Assassini* (New York: Bantam, 1991).
5. Malachi Martin, *The Decline and Fall of the Roman Church* (New York: G. P. Putnam's Sons, 1981).
6. Karen Armstrong, *A History of God: The 4,000-Year Quest of Judaism, Christianity and Islam* (New York: Vintage, 1999).
7. Maria Luisa Ambrosini and Mary Willis, *The Secret Archives of the Vatican* (Boston: Little, Brown, 1969).
8. Thomas Reese, *Inside the Vatican* (Cambridge, MA: Harvard University Press, 1998).
9. Dan Rowinski, "The Slow Hunch: How Innovation Is Created Through Group

Intelligence," *ReadWrite*, June 9, 2011, https://readwrite.com/2011/06/09/the_slow_hunch_how_innovation_is_created_through_g/; see also Steven Johnson, *Where Good Ideas Come From* (New York: Riverhead, 2011).

10. Wolfram Schultz, "Predictive Reward Signal of Dopamine Neurons," *Journal of Neurophysiology* 80, no. 1 (1998): 1–27.
11. Diana Martinez, Daria Orlowska, Rajesh Narendran, Mark Slifstein, Fei Liu, Dileep Kumar, Allegra Broft, Ronald Van Heertum, and Herbert D. Kleber, "Dopamine Type 2/3 Receptor Availability in the Striatum and Social Status in Human Volunteers," *Biological Psychiatry* 67, no. 3 (2010): 275–78.
12. Alfredo Meneses, "Neurotransmitters and Memory," in *Identification of Neural Markers Accompanying Memory* (Amsterdam: Elsevier, 2014), 5–45.

第11章

1. This interview first appeared on a blog I wrote for *Forbes*; see Steven Kotler, "Tim Ferriss and the Secrets of Accelerated Learning," *Forbes*, May 4, 2015, https://www.forbes.com/sites/stevenkotler/2015/05/04/tim-ferriss-and-the-secrets-of-accelerated-learning/.

第12章

1. Christopher Peterson, Willibald Ruch, Ursula Beermann, Nansook Park, and Martin E. P. Seligman, "Strengths of Character, Orientations to Happiness, and Life Satisfaction," *Journal of Positive Psychology* 2, no. 3 (2007): 149–56.
2. Christopher Peterson and Martin E. P. Seligman, *Character Strengths and Virtues: A Handbook and Classification* (Oxford: Oxford University Press, 2004).
3. Andrew Huberman, Stanford University, and Glenn Fox, USC, author interviews, 2020.
4. Gallup, "CliftonStrengths," Gallup.com, June 13, 2020, https://www.gallup.com/cliftonstrengths/en/252137/home.aspx; see also "Be Your Best SELF with

STRENGTHS," Strengths Profile, https://www.strengthsprofile.com/.

5. Martin E. P. Seligman, Tracy A. Steen, Nansook Park, and Christopher Peterson, "Positive Psychology Progress: Empirical Validation of Interventions," *American Psychologist* 60, no. 5 (2005): 410; see also Fabian Gander, René T. Proyer, Willibald Ruch, and Tobias Wyss, "Strength-Based Positive Interventions: Further Evidence for Their Potential in Enhancing Well-Being and Alleviating Depression," *Journal of Happiness Studies* 14, no. 4 (2013): 1241–59.

第13章

1. Christopher Peterson, "Other People Matter: Two Examples," *Psychology Today*, June 17, 2008, https://www.psychologytoday.com/us/blog/the-good-life/200806/other-people-matter-two-examples.
2. Daniel Goleman, *Emotional Intelligence: Why It Can Matter More Than IQ* (New York: Bantam, 2005).
3. For an overview of behaviorism and Skinner's views, see George Graham, "Behaviorism," *Stanford Encyclopedia of Philosophy*, Stanford University, March 19, 2019.
4. Jaak Panksepp, *Affective Neuroscience: The Foundations of Human and Animal Emotions* (New York: Oxford University Press, 2014).
5. Ibid. See also Li He et al., "Examining Brain Structures Associated with Emotional Intelligence and the Mediated Effect on Trait Creativity in Young Adults," *Frontiers in Psychology* (June 15, 2018).
6. Nancy Gibbs, "The EQ Factor," *Time*, June 24, 2001.
7. Goleman, *Emotional Intelligence*.
8. William James, *Psychology: The Briefer Course* (New York: Henry Holt, 1892), 10.
9. Charles Duhigg, *The Power of Habit: Why We Do What We Do in Life & Business* (New York: Random House, 2012), xvi; see also Timothy Wilson, *Strangers*

to Ourselves: Discovering the Adaptive Unconscious (New York: Harvard University Press, 2002).

10. Ludwig Wittgenstein, *Tractatus Logico-Philosophicus* (New York: Cosimo Classics, 2010), 43.
11. Keith Sawyer, "What Mel Brooks Can Teach Us about 'Group Flow,' " *Greater Good Magazine*, January 24, 2012.
12. Claus Lamm and Jasminka Majdandžić, "The Role of Shared Neural Activations, Mirror Neurons, and Morality in Empathy—A Critical Comment," *Neuroscience Research* 90 (2015): 15–24; see also Zarinah Agnew et al., "The Human Mirror System: A Motor-Resonance Theory of Mind Reading," *Brain Research Reviews* 54, no. 2 (June 2007): 286–93.
13. Daniel Goleman and Richard J. Davidson, *Altered Traits: Science Reveals How Meditation Changes Your Mind, Brain, and Body* (New York: Random House, 2018), 250.
14. Rich Bellis, "Actually, We Don't Need More Empathy," *Fast Company*, October 20, 2017.
15. Olga M. Klimecki, Susanne Leiberg, Claus Lamm, and Tania Singer, "Functional Neural Plasticity and Associated Changes in Positive Affect After Compassion Training," *Cerebral Cortex* 23, no. 7 (2012): 1552–61.

第14章

1. K. Anders Ericsson, Ralf T. Krampe, and Clemens Tesch-Röer, "The Role of Deliberate Practice in the Acquisition of Expert Performance," *Psychological Review* 100, no. 3 (1993): 363–406.
2. Anders Ericsson, *The Cambridge Handbook of Expertise and Expert Performance* (Cambridge, UK: Cambridge University Press, 2018); see also Malcolm Gladwell, *Outliers* (New York: Little, Brown, 2013).
3. David Epstein, *Range: Why Generalists Triumph in a Specialized World* (New

York: Riverhead, 2019), 15–35.

4. Nick Skillicorn, "The 10,000-Hour Rule Was Wrong, According to the People Who Wrote the Original Study," *Inc.*, June 9, 2016.
5. Anders Ericcson, author interview, 2016.
6. Steven Kotler, *The Rise of Superman* (New York: New Harvest, 2014), 78–82.
7. Robert Plomin, Nicholas G. Shakeshaft, Andrew McMillan, and Maciej Trzaskowski, "Nature, Nurture, and Expertise," *Intelligence* 45 (2014): 46–59.
8. W. Mischel, Y. Shoda, and M. Rodriguez, "Delay of Gratification in Children," *Science* 244, no. 4907 (1989): 933–38.
9. David Epstein, "Fit Looks Like Grit," Franklin Covey, December 5, 2019, YouTube video, https://www.youtube.com/watch?v=v27 vQCGCCLs.
10. Chloe Gibbs, Jens Ludwig, Douglas L. Miller, and Na'ama Shenhav, "Short-Run Fade-out in Head Start and Implications for Long-Run Effectiveness," UC Davis Center for Poverty Research, *Policy Brief* 4, no. 8 (February 2016), https://poverty.ucdavis.edu/policy-brief/short-run-fade-out-head-start-and-implications-long-run-effectiveness.
11. Epstein, *Range*.
12. Chris Berka, "A Window on the Brain," TEDx San Diego, 2013, https://www.youtube.com/watch?v=rBt7LMrIkxg&feature=emb_logo.

第三部分

1. Javier Pérez Andújar, *Salvador Dalí: A la conquista de lo irracional* (Madrid: Algaba Ediciones, 2003), 245.

第15章

1. Bri Stauffer, "What Are the 4 C's of 21st Century Skills?," Applied Educational Systems, May 7, 2020, https://www.aeseducation.com /blog/four-cs-21st-

century-skills; see also *Preparing 21st Century Students for a Global Society: An Educator's Guide to the "Four Cs,"* National Education Association report, http://www.nea.org/assets/docs/A-Guide-to-Four-Cs.pdf.

2. "IBM 2010 Global CEO Study," IBM, May 18, 2010, https://www-03.ibm.com/press/us/en/pressrelease/31670.wss.
3. Adobe, *State of Create Study: Global Benchmark Study on Attitudes and Beliefs about Creativity at Work, Home and School*, April 2012, https://www.adobe.com/aboutadobe/pressroom/pdfs/Adobe_State_of _Create_Global_Benchmark_Study.pdf.
4. Tom Sturges, *Every Idea Is a Good Idea* (New York: Penguin, 2014), 29.
5. Gerhard Heinzmann and David Stump, "Henri Poincaré," *Stanford Encyclopedia of Philosophy*, Stanford University, October 10, 2017; see also Dean Keith Simonton, *Origins of Genius: Darwinian Perspectives on Creativity* (New York: Oxford University Press, 1999).
6. Graham Wallas, *The Art of Thought* (Tunbridge Wells, UK: Solis Press, 2014), 37–55.
7. A. N. Whitehead, *Process and Reality. An Essay in Cosmology. Gifford Lectures Delivered in the University of Edinburgh During the Session 1927–1928* (New York: Macmillan, 1927).
8. Alex Osborn, *Your Creative Power* (Gorham, ME: Myers Education Press, 2007).
9. Lori Flint, "How Creativity Came to Reside in the Land of the Gifted," *Knowledge Quest* 42, no. 5 (May–June 2014): 64–74.
10. For a great Guilford overview, see: New World Encyclopedia, s.v. "J. P. Guilford," https://www.newworldencyclopedia.org/entry/J._P._Guilford.
11. Lisa Learman, "Left vs. Right Brained," Perspectives in Research, May 22, 2019, https://biomedicalodyssey.blogs.hopkinsmedicine.org/2019/05/left-vs-right-brained-why-the-brain-laterality-myth-persists/.
12. Arne Dietrich, *How Creativity Happens in the Brain* (New York: Palgrave

Macmillan, 2015), 3–6.

13. Anthony Brandt and David Eagleman, *The Runaway Species* (Edinburgh: Canongate, 2017), 24–27.

14. Ibid., 27–29.

15. Teresa M. Amabile and Michael G. Pratt, "The Dynamic Componential Model of Creativity and Innovation in Organizations: Making Progress, Making Meaning," *Research in Organizational Behavior* 36 (2016): 157–83.

16. Scott Barry Kaufman, "The Real Neuroscience of Creativity," *Scientific American*, April 19, 2013.

17. William James, *The Principles of Psychology* (New York: Cosimo Classics, 2013), 402.

18. Michael I. Posner, Charles R. Snyder, and Brian J. Davidson, "Attention and the Detection of Signals," *Journal of Experimental Psychology* 109, no. 2 (1980): 160–74.

19. Michael I. Posner and Steven E. Petersen, "The Attention System of the Human Brain," *Annual Review of Neuroscience* 13, no. 1 (1990): 25–42.

20. Scott Barry Kaufman and Carolyn Gregoire, *Wired to Create: Unraveling the Mysteries of the Creative Mind* (New York: TarcherPerigee, 2016), xxvii.

21. Roger Beaty et al., "Creativity and the Default Mode Network," *Neuropsychologia* 64 (November 2014): 92–98.

22. Randy L. Buckner, "The Serendipitous Discovery of the Brain's Default Mode Network," *NeuroImage* 62, no. 2 (August 15, 2012):1137–45.

23. Laura Krause et al., "The Role of Medial Prefrontal Cortex in Theory of Mind: A Deep rTMS Study," *Behavioral Brain Research* 228, no. 1 (2012): 87–90.

24. Brandt and Eagleman, *Runaway Species*, 55–104.

25. Lucina Uddin, *Salience Network of the Human Brain* (Amsterdam: Elsevier, 2017).

26. Posner, Snyder, and Davidson, "Attention and the Detection of Signals."

27. "The Creative Brain Is Wired Differently," *Neuroscience News*, January 23, 2018.

28. David Eagleman, author interview, 2017; Scott Barry Kaufman, author interview, 2019. Also, in psychology they call this "latent inhibition"; see Shelley Carson, Jordan Peterson, and Daniel Higgins, "Decreased Latent Inhibition Is Associated with Increased Creative Achievement in High-Functioning Individuals," *Journal of Personality and Social Psychology* 85, no. 3 (2003): 499–506.
29. Scott Barry Kaufman, "The Myth of the Neurotic Creative," *Atlantic*, February 29, 2016, https://www.theatlantic.com/science/archive/2016/02/myth-of-the-neurotic-creative/471447/.

第16章

1. John Kounios and Mark Beeman, *The Eureka Factor: Aha Moments, Creative Insight, and the Brain* (New York: Windmill Books, 2015), 89–90.
2. G. Rowe, J. B. Hirsh, and A. K. Anderson, "Positive Affect Increases the Breadth of Attentional Selection," *Proceedings of the National Academy of Sciences* 104 (2007): 383–88; see also Barbara Fredrickson, "Positive Emotions Open Our Mind," Greater Good Science Center, June 21, 2011, https://www.youtube.com/watch?time_continue=1&v=Z7dFDHzV36g&feature=emb_logo.
3. Glenn Fox, author interview, 2020; and Kate Harrison, "How Gratitude Can Make You More Creative and Innovative," *Inc.*, November 16, 2016.
4. Lorenza S. Colzato, Ayca Ozturk, and Bernhard Hommel, "Meditate to Create: the Impact of Focused-Attention and Open-Monitoring Training on Convergent and Divergent Thinking," *Frontiers in Psychology* 3 (2012): 116; Viviana Capurso, Franco Fabbro, and Cristiano Crescentini, "Mindful Creativity," *Frontiers in Psychology* (January 10, 2014).
5. John Kounios, author interview, 2019; see also Penelope Lewis, Gunther Knoblich, and Gina Poe, "How Memory Replay in Sleep Boosts Creative Problem Solving," *Trends in Cognitive Sciences* 22, no. 6 (2018): 491–503.
6. For a really good discussion of the hemispheric differences, see Iain McGilchrist,

The Master and His Emissary (New Haven, CT: Yale University Press, 2009).

7. Kounis and Beeman, *The Eureka Factor*, 171.
8. Mark Burgess and Michael E. Enzle, "Defeating the Potentially Deleterious Effects of Externally Imposed Deadlines: Practitioners' Rules-of-Thumb," *PsycEXTRA Dataset* (2000).
9. Ruth Ann Atchley, David L. Strayer, and Paul Atchley, "Creativity in the Wild," *PLoS ONE* 7, no. 12 (December 12, 2012).
10. Andrew F. Jarosz, Gregory J. H. Colflesh, and Jennifer Wiley, "Uncorking the Muse: Alcohol Intoxication Facilitates Creative Problem Solving," *Consciousness and Cognition* 21, no. 1 (2012): 487–93.
11. John Kounios, author interview, 2019.
12. Kiki De Jonge, Eric Rietzschel, and Nico Van Yperen, "Stimulated by Novelty?," *Personality and Social Psychology Bulletin* 44, no. 6 (June 2018): 851–67.
13. David Cropley and Arthur Cropley, "Functional Creativity: 'Products' and the Generation of Effective Novelty," in James C. Kaufman and Robert J. Sternberg, eds., *The Cambridge Handbook of Creativity* (New York: Cambridge University Press, 2010), 301–17.
14. Gene Santoro, *Myself When I Am Real: The Life and Music of Charles Mingus* (New York: Oxford University Press, 2001), 197; apparently, this was said by Mingus to Timothy Leary. Personally, I would love to know what Leary said in response.
15. Catrinel Haught-Tromp, "The *Green Eggs and Ham* Hypothesis," *Psychology of Aesthetics, Creativity and the Arts* 11, no. 1 (April 14, 2016).
16. Chip Heath and Dan Heath, *The Myth of the Garage: And Other Minor Surprises* (New York: Currency, 2011); see also Keith Sawyer, *Group Genius: The Creative Power of Collaboration* (New York: Basic Books, 2017).
17. Scott Barry Kaufman, author interview, 2019.
18. Lee Zlotoff, author interview, 2015; see also The MacGyver Secret (website),

https://macgyversecret.com; Kenneth Gilhooly, *Incubation in Problem Solving and Creativity* (New York: Routledge, 2019).

第17章

1. This is not to say that other people haven't poked at this idea. One book I love on how aging impacts creativity and why long-haul creativity is possible is Gene Cohen, *The Creative Age* (New York: William Morrow, 2000).
2. John Barth, author interview, 1993. One thing to note, I'm recounting this conversation from memory; the exact wording may have changed over the years.
3. For Pynchon geeks such as myself, the two stories are "Byron the Lightbulb" and the story of Franz Pokler, the rocket scientist whose daughter has been kidnapped by the Nazis.
4. Tim Ferriss, author interview, 2017.
5. See Paul Graham, "Maker's Schedule, Manager's Schedule," Paul Graham (website), July 2009, http://www.paulgraham.com/makers schedule.html.
6. Tim Ferriss, author interview, 2017.
7. It's not just Ferriss who feels this way; researchers at Stanford found the same thing: Marily Oppezzo and Daniel Schwartz, "Give Your Ideas Some Legs," *Experimental Psychology, Learning, Memory and Cognition* 40, no. 4 (July 2014): 1142–52.
8. There's a great article about the interview (which has become famous itself): Cristobal Vasquez, "The Interview Playboy Magazine Did with Gabriel García Márquez," *ViceVersa*, August 25, 2014.
9. Ernest Hemingway and Larry W. Phillips, *Ernest Hemingway on Writing* (New York: Scribner, 2004).
10. Sigmund Freud, *Civilization and Its Discontents,* volume 21 in *The Complete Psychological Works of Sigmund Freud: The Future of an Illusion, Civilization and Its Discontents, and Other Works* (Richmond: Hogarth Press, 1961), 79–80.

11. Roger Barker, Tamara Dembo, and Kurt Lewin, *Frustration and Regression: An Experiment with Young Children*, Studies in Topological and Vector Psychology II (Iowa City: University of Iowa Press, 1941), 216–19.
12. Mark Beeman and John Kounios, *The Eureka Factor: Aha Moments, Creative Insight, and the Brain* (New York: Windmill Books, 2015), 102–3.
13. Edward Albee, *The Zoo Story* (New York: Penguin, 1960); see http://edwardalbeesociety.org/works/the-zoo-story/.
14. Sir Ken Robinson, "Do Schools Kill Creativity?," TED Talk, 2006, https://www.ted.com/talks/sir_ken_robinson_do_schools_kill_creativity?language=en.
15. Ken Robinson, author interview, 2016.
16. Burk Sharpless, author interview, 2014.
17. Gretchen Bleiler, author interview, 2016
18. Mihaly Csikszentmihalyi, *Creativity: The Psychology of Discovery and Invention* (New York: HarperPerennial, 1996), 51–76.
19. Ibid.

第18章

1. George Land, "The Failure of Success," TEDxTuscon, February 16, 2011, https://www.youtube.com/watch?v=ZfKMq-rYtnc.
2. For more on this story, see George Land and Beth Jarman, *Breakpoint and Beyond: Mastering the Future—Today* (New York: HarperCollins, 1992).
3. John Kounios, author interview, 2019.
4. For a great discussion on creativity, flow, and networks, see Scott Barry Kaufman, "The Neuroscience of Creativity, Flow, and Openness to Experience," BTC Institute, July 17, 2014, https://www.youtube.com/watch?v=Un_LroX0DAA.

第四部分

1. Friedrich Nietzsche, *Beyond Good and Evil*, trans. Helen Zimmern (Hampshire, UK: Value Classics Reprints, 2018), 212.

第 19 章

1. For a fuller recounting of this story, see Steven Kotler, *West of Jesus: Surfing, Science and the Origin of Belief* (New York: Bloomsbury, 2006). Also, I spoke about this at length on the Joe Rogan podcast: "Steven Kotler on Lyme Disease & The Flow State," *Joe Rogan Experience*, February 16, 2011, https://www.youtube.com/watch?v=X _yq-4remO0.
2. Rob Schultheis, *Bone Games: One Man's Search for the Ultimate Athletic High* (Halcottsville, NY: Breakaway Books, 1996).
3. Andrew Newberg and Eugene D'Aquili, *Why God Won't Go Away: Brain Science and the Biology of Belief* (New York: Ballantine, 2001), 120–27.
4. Andrew Newberg, author interviews, 2000–2020.

第 20 章

1. Friedrich Nietzsche, *Thus Spoke Zarathustra* (Digireads.com, 2016), 25.
2. Charles Darwin, *On the Origin of Species by Means of Natural Selection, or, The Preservation of Favoured Races in the Struggle for Life* (London, 1859; digital reprint, Adam Goldstein, ed., American Museum of Natural History, 2019), https://darwin.amnh.org/files /images/pdfs/e83461.pdf.
3. The Academy of Ideas has done an excellent video lecture series on this topic. For a really good discussion of Nietzsche and many of his ideas presented in this section, see https://academyofideas.com/tag /nietzsche/.
4. Friedrich Nietzsche, *Ecce Homo: How One Becomes What One Is*, trans. R. J. Hollingdale (New York: Penguin, 2004), 44.
5. Friedrich Nietzsche, *Beyond Good and Evil*, trans. Helen Zimmern (Hampshire,

UK: Value Classics Reprints, 2018), 90.

6. "Nietzsche and Zapffe: Beauty, Suffering, and the Nature of Genius," Academy of Ideas, December 6, 2015, https://academyofideas.com/2015/12/nietzsche-zapffe-beauty-suffering-nature-of-genius/; see also Nitzan Lebovic, "Dionysian Politics and the Discourse of 'Rausch,' " in Arpad von Klimo and Malte Rolf, eds., *Rausch und Diktatur: Inszenierung, Mobilisierung und Kontrolle in totalitären Systemen* (Frankfurt: Campus Verlag, 2006), https://www.academia.edu/310323/Dionysian_Politics_and_The_Discourse_of_Rausch.
7. Friedrich Nietzsche, *Twilight of the Idols* (New York: Penguin Classics, 1990), 55.
8. Mihaly Csikszentmihalyi, *Flow: The Psychology of Optimal Experience* (New York: HarperPerennial, 2008). If you're interested in his methodology, see also Joel Hektner, Jennifer Schmidt, and Mihaly Csikszentmihalyi, *Experience Sampling Method* (New York: Sage, 2007).
9. Richard Ryan, *The Oxford Handbook of Human Motivation* (New York: Oxford University Press, 2005), 128.
10. Christian Jarrett, "All You Need to Know About the 10 Percent Brain Myth in 60 Seconds," *Wired*, July 24, 2014.
11. Arne Dietrich, "Transient Hypofrontality as a Mechanism for the Psychological Effects of Exercise," *Psychiatry Research* 145, no. 1 (2006): 79–83; see also Arne Dietrich, *Introduction to Consciousness* (New York: Palgrave Macmillan, 2007), 242–44.
12. Arne Dietrich, interview, 2012.
13. Rhailana Fontes, Jéssica Ribeiro, Daya S. Gupta, Dionis Machado, Fernando Lopes-Júnior, Francisco Magalh 鉫 s, Victor Hugo Bastos, et al., "Time Perception Mechanisms at Central Nervous System," *Neurology International* 8, no. 1 (2016).
14. Istvan Molnar-Szakacs and Lucina Q. Uddin, "Self-Processing and the Default

Mode Network: Interactions with the Mirror Neuron System," *Frontiers in Human Neuroscience* 7 (2013).

15. Charles J. Limb and Allen R. Braun, "Neural Substrates of Spontaneous Musical Performance: An FMRI Study of Jazz Improvisation," *PLoS ONE* 3, no. 2 (2008).
16. Frances A. Maratos, Paul Gilbert, Gaynor Evans, Faye Volker, Helen Rockliff, and Gina Rippon, "Having a Word with Yourself: Neural Correlates of Self-Criticism and Self-Reassurance," *NeuroImage* 49, no. 2 (2010): 1849–56.
17. The first time I heard about this was from Dr. Leslie Sherlin, who has yet to publish this work, but the story is fully recounted in *The Rise of Superman*. See also Kenji Katahira et al., "EEG Correlates of the Flow State," *Frontiers in Psychology* (March 9, 2018); E. Garcia-Rill et al., "The 10 Hz Frequency," *Translation Brain Rhythm* 1, no. 1 (March 24, 2016). Finally, Csikszentmihalyi and many others have looked at the brains of chess players in flow and found something similar. For a pop-culture version of this story, see Amy Brann, *Engaged* (New York: Palgrave Macmillan, 2015), 103–5.
18. Mark Beeman and John Kounios, *The Eureka Factor: Aha Moments, Creative Insight, and the Brain* (New York: Windmill Books, 2015), 71–7.
19. Gina Kolata, "Runner's High? Endorphins? Fiction, Some Scientists Say," *New York Times*, May 21, 2002, https://www.nytimes.com/2002/05/21/health/runner-s-high-endorphins-fiction-some-scientists-say.html.
20. Arne Dietrich, "Endocannabinoids and Exercise," *British Journal of Sports Medicine* 38, no. 5 (2004): 536–41, https://doi.org/10.1136 /bjsm.2004.011718.
21. Henning Boecker, Till Sprenger, Mary E. Spilker, Gjermund Henriksen, Marcus Koppenhoefer, Klaus J. Wagner, Michael Valet, Achim Berthele and Thomas R. Tolle, "The Runner's High: Opioidergic Mechanisms in the Human Brain," *Cerebral Cortex* 18, no. 11 (2008): 2523–31; see also Henning Boecker, "Brain Imaging Explores the Myth of Runner's High," *Medical News Today*, March 4, 2008.

22. Gregory Berns, *Satisfaction: Sensation Seeking, Novelty, and the Science of Seeking True Fulfillment* (New York: Henry Holt, 2005), 146–74.
23. Corinna Peifer, "Psychophysiological Correlates of Flow-Experience," in S. Engeser, ed., *Advances in Flow Research* (New York: Springer, 2007), 151–52; A. J. Marr, "In the Zone: A Behavioral Theory of the Flow Experience," *Athletic Insight: The Online Journal of Sport Psychology* 3 (2001).
24. For a norepinephrine overview, see Eddie Harmon-Jones and Piotr Winkielman, *Social Neuroscience: Integrating Biological and Psychological Explanations of Social Behavior* (New York: Guilford Press, 2007), 306; also, for a great look at all of the neuroscience surrounding attention, see Michael Posner, *Cognitive Neuroscience of Attention* (New York: Guilford Press, 2004). Finally, for a look at the relationship between norepinephrine and flow, see Harvard cardiologist Herbert Benson. For the lay version of this work, see Herbert Benson and William Proctor, *The Breakout Principle: How to Activate the Natural Trigger That Maximizes Creativity, Athletic Performance, Productivity and Personal Well-Being* (New York: Scribner, 2003), 46–68.
25. Paul Zak, author interview, 2020.
26. Scott Keller and Susie Cranston, "Increasing the 'Meaning Quotient' of Work," McKinsey & Company, 2013, https://www.mckinsey.com/business-functions/organization/our-insights/increasing-the-meaning-quotient-of-work.
27. ABM CEO Chris Berka gave a great TEDx talk about this research: "What's Next—A Window on the Brain: Chris Berka at TEDxSanDiego 2013," February 5, 2014, https://www.youtube.com /watch?v=rBt7LMrIkxg; see also "9-Volt Nirvana," *Radiolab*, June 2014, http://www.radiolab.org/story/9-volt-nirvana/; Sally Adee, "Zap Your Brain into the Zone," *New Scientist*, February 1, 2012.
28. Teresa M. Amabile, Sigal G. Barsade, Jennifer S. Mueller, and Barry M. Staw, "Affect and Creativity at Work," *Administrative Science Quarterly* 50, no. 3 (2005): 367–403.

29. Peifer, "Psychophysiological Correlates of Flow-Experience," 149–51; Andrew Huberman, author interview, 2020; Scott Barry Kaufman, "Flow: Instead of Losing Yourself, You Are Being Yourself," *SBK* (blog), January 28, 2016, https://scottbarrykaufman.com/flow-instead-of-losing-yourself-you-are-being-yourself/.

第21章

1. Jeanne Nakamura and Mihaly Csikszentmihalyi, "The Concept of Flow," in *The Oxford Handbook of Positive Psychology* (New York: Oxford University Press, 2009), 89–105.
2. For one of the more interesting attempts to get at the neurobiology of both flow's triggers and its phenomenological effects, see Martin Klasen, Rene Weber, Tilo Kircher, Krystyna Mathiak, and Klaus Mathiak, "Neural Contributions to Flow Experience during Video Gaming," *Social Cognition and Affective Neuroscience* 7, no. 4 (April 2012): 485–95.
3. Flow triggers are a very recent concept and have been identified and expanded upon over time. For a full discussion, see Steven Kotler, *The Rise of Superman* (New York: New Harvest, 2014). The concept also receives attention in Johannes Keller and Anne Landhasser, "The Flow Model Revisited," in Stefan Engeser, ed., *Advances in Flow Research* (New York: Springer, 2007), 61.
4. Mihaly Csikszentmihalyi, "Attention and the Holistic Approach to Behavior," in Kenneth S. Pope and Jerome L. Singer, eds., *The Stream of Consciousness: Scientific Investigations into the Flow of Human Experience* (Boston: Springer, 1978), 335–58.
5. Ernest Becker, *The Denial of Death* (New York: Free Press, 1997).
6. John Hagel, author interview, 2016.
7. Wanda Thibodeaux, "Why Working in 90-Minute Intervals Is Powerful for Your Body and Job, According to Science," *Inc.*, January 27, 2019; see also Drake Baer, "Why You Need to Unplug Every 90 Minutes," *Fast Company*, June 19,

2013.

8. Mihaly Csikszentmihalyi, *Good Business: Leadership, Flow, and the Making of Meaning* (New York: Penguin, 2004), 42–43; for a look at how "shared clear goals," a group flow trigger, work in organizations, see also ibid., 113–22.
9. Ibid, 43–44.
10. Adrian Brady, "Error and Discrepancy in Radiology," *Insights Imaging* 8, no. 1 (December 7, 2016): 171–82; see also Stephen J. Dubner and Steven D. Levitt, "A Star Is Made," *New York Times*, May 7, 2006.
11. Mihaly Csikszentmihalyi, *Flow and Foundations of Positive Psychology: The Collected Works of Mihaly Csikszentmihalyi* (New York: Springer, 2014), 191–93.
12. The majority of the dopamine triggers (risk, pattern recognition, novelty, complexity, and unpredictability) were first described in my *West of Jesus: Surfing, Science and the Origin of Belief* (2006) and later in *The Rise of Superman* (2013). For further reading, see Elaine Houston, "11 Activities and Exercises to Induce Flow," PositivePsychology.com, May 29, 2020; Robert Sapolsky talks extensively about novelty, complexity, and unpredictability and dopamine at Robert Sapolsky, "Dopamine Jackpot! Sapolsky on the Science of Pleasure," FORA.tv, March 2, 2011, https://www.youtube.com/watch?v=axrywDP9Ii0. Complexity also shows up in Melanie Rudd, Kathleen Vohs, and Jennifer Aaker, "Awe Expands People's Perception of Time and Enhances Well-Being," *Psychological Science* 23, no. 10 (2012): 1130–36.
13. Ned Hallowell, author interview, 2012.
14. Kotler, *The Rise of Superman* and *West of Jesus.*
15. As far as I can tell, deep embodiment first shows up in the literature in E. J. Chavez, "Flow in Sport," *Imagination, Cognition and Personality* 28, no. 1 (2008): 69–91. The idea is thoroughly explored again in *The Rise of Superman* and shows up repeatedly in work by Christian Swann; see Christian Swann, Richard Keegan, Lee Crust, and David Piggott, "Exploring Flow Occurrence in

Elite Golf," *Athletic Insight: The Online Journal of Sport Psychology* 4, no. 2 (2011).

16. Kevin Rathunde, "Montessori Education and Optimal Experience," *NAMTA* 26, no. 1 (2001): 11–43.
17. For a full review of Keith Sawyer's work on group flow and the group flow triggers, see Keith Sawyer, *Group Genius: The Creative Power of Collaboration* (New York: Basic Books, 2017).
18. Jef J. J. van den Hout, Orin C. Davis, and Mathieu C. D. P. Weggeman, "The Conceptualization of Team Flow," *Journal of Psychology* 152, no. 6 (2018).
19. Marisa Salanova, Eva Cifre, Isabel Martinex, and Susana Gumbau, "Preceived Collective Efficacy, Subjective Well-Being and Task Performance among Electronic Work Groups," *Small Group Research* 34, no. 1 (February 2003).

第22章

1. Benson, following in a long history of flow researchers, chose to rename flow (the breakout) in this book. Nevertheless, his research is dead-on. See Herbert Benson and William Proctor, *The Breakout Principle: How to Activate the Natural Trigger That Maximizes Creativity, Athletic Performance, Productivity, and Personal Well-Being* (New York: Scribner, 2004).
2. Abraham Maslow, *Religion, Values, and Peak-Experiences* (New York: Compass, 1994), 62.
3. Lindsey D. Salay, Nao Ishiko, and Andrew D. Huberman, "A Midline Thalamic Circuit Determines Reactions to Visual Threat," *Nature* 557, no. 7704 (2018): 183–89.
4. Benyamin Cohen, "Albert Einstein Loved Sailing (but Didn't Even Know How to Swim)," *From the Grapevine*, July 27, 2016, https://www.fromthegrapevine.com/nature/albert-einstein-fascination-sailing.
5. Research for the blockers is spread around. For "distraction," see Tom DeMarco and Timothy Lister, *Peopleware* (New York: Dorset House, 1999), 62–68. For

negative thinking, see Jennifer A. Schmidt, "Flow in Education," in E. Bakker, P. P. Peterson, and B. McGaw, eds., *International Encyclopedia of Education*, 3rd ed. (London: Elsevier, 2010), 605–11.; see also E. J. Chavez, "Flow in Sport," *Imagination, Cognition and Personality* 28, no 1 (2008): 69–91. For low energy, see Stefan Engeser, *Advances in Flow Research* (New York: Springer, 2007), 62. For lack of preparation: A. Delle Fave, M. Bassi, and F. Massimini, "Quality of Experience and Daily Social Context of Italian Adolescents," in A. L. Comunian and U. P. Gielen, eds., *It's All About Relationships* (Lengerich, Germany: Pabst, 2003), 159–72.

6. Esther Thorson and Annie Lang, "The Effects of Television Videographics and Lecture Familiarity on Adult Cardiac Orienting Responses," *Communication, Media Studies, Language & Linguistics* (June 1, 1992).